지구의 나이를 찾아서

색깔 있는 과학 시리즈 **01**

지금은 상식이 된 46억 년,
지구의 나이를 밝히는 과학적 여정

지구의 나이를 찾아서

지은이 **김경렬**

차 례

"지구의 나이는 17세기 이후 과학계에서
가장 논쟁을 불러일으켰던 숫자 중 하나이다."
브러쉬(Stephen G. Brush, 1935 ~), 물리학자/과학사학자

3 베크렐선(방사선)의 발견

4 방사능 모래시계

5 방사성 붕괴계열

6 외계에서 온 손님: 운석

7 지구의 나이가 밝혀지다

8 지구 달력

프롤로그

젊은 지구 대 늙은 지구

프롤로그
: 젊은 지구 대 늙은 지구

노벨상이 최초로 수여된 해가 1901년이니까 지금부터 약 120년 전이다. 그런데 이 당시 사람들의 지구에 대한 이해도는 오늘날 우리들이 상상하기 힘들 정도로 초보적 수준이었다. 그 수준이 어느 정도였냐 하면 지금은 초등학생들에게도 상식이 된 지구의 나이 46억 년을 놓고 그 당시 물리학자들은 당대 과학계의 거장이었던 켈빈 경(William Thomson, 1st Baron Kelvin, 1824~1907)을 앞세우고 열역학적 추론에 근거하여 3천만 년 정도라고 당당히 주장할 정도였다. 당대 물리학자들이 내세운 이 같은 '젊은 지구설' 앞에서 지구과학자들과 진화론을 믿는 생물학자들은 아무리 그래도 지구의 나이가 적어도 1억 년 정도는 되었을 것이라는 추측에 기반을 둔 '늙은 지구설'을 내놓고 전전긍긍하고 있었다.

늙은 지구설에 손을 들어 주다–지구화학자 러더퍼드

이러한 상황에서 1896년 베크렐(Antoine Henri Becquerel, 1852~1908)이 발견한 '방사능'이라는 새로운 무기를 가지고 혜성처럼 나타나 '늙은 지구설'에 손을 들어준 과학자가 있었다. 위대한 물리학자로 알려진 러더퍼드(Ernest Rutherford, 1871~1937)였다. 그는 1911년 원자 내 극히 작은 공간 속에 원자질량의 대부분을 차지하는 원자핵이 존재한다는 것을 최초로 밝힌다. 그런데 사실 러더퍼드는 이 발견 이전인 1908년에 "*for his investigations into the disintegration of the elements, and the chemistry of radioactive substances*", 즉 "원소의 붕괴와 방사성 물질의 화학에 관한 연구"가 인정되어 이미 노벨 화학상을 수상하였다.

러더퍼드 이전에 또 한 명의 위대한 화학자였던 램지(Sir William Ramsay, 1852~1916)가 헬륨(Helium), 아르곤(Argon)과 같은 비활성 기체들을 발견한 공로로 1904년 노벨 화학상을 수상한다. 헬륨은 태양에만 존재하는 것으로 생각했던 태양의 원소[1]였다. 그런데 램지가 지구상의 물질 우라늄(Uranium) 광물 속에서 헬륨을 추출하였고, 러더퍼드는 이 헬륨이 바로 우라늄의 방사능 붕괴에 의해 정량적으로 만들어진 산물임을 밝혀낸 것이다. 러더퍼드는 램지의 연구 성과에 자신이 발견한 우라늄-헬륨 방사능모래시계를 응용하여 우라늄 광물들이 이미 10억 년 이상의 오래된 시기에 만들어진 것으로 추정할 수 있었다. 이로써 지구의 나이가 최소 10억여 년 이상 된다는 것을 밝힘으로써 '늙은 지구설'에 손을 들어준 것이다. 러더퍼드는 지구의 나이에 관한 정량적 탐구의 길을 최초로 열어준 위대한 '지구화학자'였다.

1903년 런던의 왕립학회 회원으로 선출된 러더퍼드는 이듬해 5월 19일 "방사성 물체의 연속 변환"이라는 제목으로 왕립학술회원 800여 명 앞에서 베이커(Baker) 강연[2]을 하게 되며, 이 강연은 지구 나이 탐구의 분수령을 이루는 중요한 사건이었다. 당시 러더퍼드를 위시한 연구자들은 방사성 붕괴 과정에서 발생하는 에너지의 기원을 이

1 헬륨(Helium)은 1868년 프랑스의 천문학자 장상(Pierre Janssen, 1824~1907)이 인도에서 일식을 관측하던 중 태양으로부터 나오는 매우 밝은 노란빛의 스펙트럼을 관측하고 이를 태양에만 있는 원소로 생각하여 태양의 신 헬리오스(Helios)의 이름을 따 명명한 원소이다.

2 베이커(Baker) 강연은 18세기 한 아마추어 현미경학자가 기부를 하면서 시작된 강연인데, 영국의 과학계에서 대단한 영광으로 받아들이던 강연이다. 러더퍼드는 그 후 전자를 발견한 공로로 1904년 노벨 물리학상을 수상한 톰슨(Sir Joseph John Thomson, 1856~1940)의 뒤를 이어 영국 케임브리지 대학의 캐번디시 연구소장을 맡게 되는데, 1920년 전통에 따라 소장 후보로서 왕립학술회원들 앞에서 다시 한번 베이커 강연을 한다.

해할 수 없었다. 그렇지만 이들 모두가 받아들일 수밖에 없었던 사실은 발생 에너지양이 엄청나게 많다는 것과 지구상의 열적 평형을 유지하는 데 방사성 붕괴가 큰 영향을 미친다는 것이었다. 바로 여기서 러더퍼드는 앞서 언급한 켈빈 경과 지구과학자들 사이의 논쟁, 즉 젊은 지구설과 늙은 지구설에 대한 논쟁과 궁지에 몰렸던 지구과학자들의 문제의 해결점을 발견할 수 있었던 것이다. 이때를 회고하면서 쓴 그의 글[3]은 당시의 흥미로운 상황을 잘 전해준다.

(중략) 약간 어두웠던 강연장으로 들어섰을 때 관중 속에 켈빈 경이 있음을 보게 되었습니다. 그리고 나는 지구의 나이를 다루는 내 강연의 종반 부분에서 문제가 있을 것임을 직감하였습니다. 왜냐하면 내 결론은 그의 것과 대치되는 것이기 때문입니다. 다행스럽게도 강연이 진행되는 동안 켈빈 경은 잠을 자고 있었습니다. 그런데 이제 강연의 중요한 부분에 도달하자 이 늙은 분이 몸을 곧추 세우고 눈을 바로 뜨면서 나에게 악의에 찬 눈짓을 보내는 것을 볼 수 있었습니다. 이때 나에게 갑자기 한 영감이 떠올랐으며, 나는 강연을 이어갔습니다.

3 반양성자를 발견한 공로로 1959년에 노벨 물리학상을 수상한 세그레(Emilio Segrè) 저, *From X-rays to Quarks*, W.H. Freeman, 1980, p.59. 이 영어 번역본은 『X-선에서 쿼크까지』라는 제목으로 우리말로도 번역 출판되어 있다. Text의 원전은 A. S. Eve 저, *Rutherford*, Cambridge, Cambridge University Press, 1939.

'켈빈 경은 어떤 다른 종류의 새로운 열원이 발견되지 않을 경우에 지구의 나이가 가질 수 있는 한계를 설정한 것입니다. 이런 생각은 바로 오늘밤 우리들이 생각해보려는 라듐(Radium)을 예언적으로 언급하고 있는 것입니다.'

이 소리를 듣자 늙은 켈빈은 웃음이 담긴 시선을 내게 보냈습니다. (하략)

이 강연은 켈빈 경을 앞세운 물리학자들의 '젊은 지구설'이 가진 결정적 오류가 공식적으로 지적된 지혜로운 강연이었다.

그러나 러더퍼드의 연구가 지질학자들에게 바로 흔쾌히 받아들여진 것은 아니었다. 자신만만하고 오만하였던 켈빈에게서 받은 상처가 쉽게 잊히지 않은 상태에서 러더퍼드 역시 또 한 사람의 오만한 물리학자일지도 모른다고 여겼기 때문이었으리라. 그러나 러더퍼드와 절친한 친구였던 미국의 볼트우드(Bertram Borden Boltwood, 1870~1927)와 지구의 나이를 밝히는 데 일생을 바친 영국의 홈즈(Arthur Holmes, 1890~1965)와 같은 지구과학자들이 방사능을 응용하는 러더퍼드의 연구 방법을 받아들이기 시작하면서 46억 년 지구의 나이를 밝히는 여정이 본격화된다.

1896년 베크렐이 방사능을 발견한 이후 퀴리 부부가 이에 대한 본격적인 연구를 시작하였고 러더퍼드가 암석의 나이 측정에 이를 실질적으로 응용하는 길을 열었지만 지구의 나이, 더 정확하게는 우리 태양계의 나이가 46억 년임을 밝히기까지는 50여 년의 시간을 더 필요로 하였다. 과학자들이 모래시계로 사용될 수 있는 가능성을 보인 방사능의 모든 정체를 이해하고, 또 이를 지구의 연대측정에 활용하기 위한 기반을 완전히 이해하기까지 이런 긴 시간이 필요했던 것이다.

이렇게 50여 년간 진행된 지구의 나이를 찾아가는 과학적 여정은 20세기가 이룬 중요한 과학적 성과의 하나였다. 그러나 더욱 중요한 것은 이런 성과가 지구과학을 정량과학으로 우뚝 서게 하는 중요한 성취를 이룬 것이었다. 이제 지구의 나이가 밝혀지기까지 겪어왔던 50여 년 동안 일어났던 과학의 발전 과정을 하나하나 살펴보기로 하자.

1
지구는 언제 태어났을까?

1
지구는 언제 태어났을까?

종교에서 찾은 해답

지구의 나이는 얼마나 되었을까? 사실 이러한 질문은 일상을 살아가는 보통 사람들은 거의 물을 일이 없는 문제일 것이다. 그러나 종교인들, 특히 종교 지도자들은 생각해봐야 하는 문제로 아마도 이 질문은 종교 지도자들에게서 시작되었을 것 같다.

물론 불교나 힌두교처럼 윤회론적 세계관을 지닌 종교에서는 지구의 나이가 엄청나게 많을 것이라는 인식은 있지만 지구의 나이에 대하여 구체적인 답을 하기 어려울 수 있을 것이다. 하지만 기독

GENE

Before CHRIST 4004.

CHAPTER I.

1 *The creation of heaven and earth,* 3 *of the light,* 6 *of the firmament,* 9 *of the earth separated from the waters,* 11 *and made fruitful,* 14 *of the sun, moon, and stars,* 20 *of fish and fowl,* 24 *of beasts and cattle,* 26 *of man in the image of God.* 29 *Also the appointment of food.*

IN the [a] beginning [b] God created the heaven and the earth.

2 And the earth was without form,

[a] John 1. 1, 2. Heb. 1. 10.

아일랜드 대주교 어셔(James Ussher, 1581~1656)(좌). 윈체스터 사원의 주교 로이드(William Lloyd)가 발간한 성경(창세기)(우)

교 문화권에서는 성경의 연대기를 이용하여 오래전부터 지구의 기원을 추정해왔다. 일반에게 가장 잘 알려져 있는 추정으로 1650년 아일랜드 대주교 어셔(James Ussher, 1581~1656)가 성경의 창세기에 나오는 연대기를 연구하여 지구가 기원전 4004년 10월 22일 저녁에 태어났다고 결론을 내린 것이 대표적이다. 성경에 근거한 지구 나이 계산은 이미 A.D. 169년 '지구가 B.C. 5529년에 태어났다'고 추정한 안티오크(안디옥)의 주교 테오필루스(Theophilus)에서 그 시작을 찾을 수 있으며, 그 후에도 여러 사람이 이런 계산을 하였지만 이들 사이에 큰 차이는 없었다. 행성의 운동을 풀어낸 케플러(Johannes Kepler, 1571~1630)가 태양의 원지점의 이동을 살펴서 지구는 기원전 3977년 4월 27일에 태어났다는 계산을 한 것을 보면, 성경이 지구를 이해하는 정보의 원천이라는 생각에서 지구 나이를 추정하는 일이 당시 사회에 얼마나 뿌리 깊이 박혀 있었는지를 잘 보여준다. 그런데 어셔의 계산이 흔히 대표로 인용되는 것은 당시 윈체스터 사원의 주교였던 로이드(William Lloyd)가 1701년 발간한 킹제임스판(King James Version) 성경[4] 개정판에서 창세기 1장 1절에 주를 붙이면서 이 연도를 쓰기 시작한 데에서 연유된 것으로 생각된다.

지구 나이에 대한 합리적인 답을 찾으려는 시도

그러나 17, 18세기 유럽에서는 계몽사상이 꽃피면서 정치, 경제, 사회, 문화 등 여러 방면에서 변혁이 일어났으며, 이에 발맞추어 논리적이고 실증적인 사고가 확산되었다. 이에 따라 자연을 객관적으로 보려는 사람들이 늘어나면서, 6천여 년밖에 되지 않는 '젊은 지구'의 개념으로 우리 주위를 이해하려고 할 때 여러 가지 심각한 문제가 나타나는 것을 깨닫기 시작하였다.

'젊은 지구'에 문제가 있음을 처음으로 지적한 사람으로 어셔가 사망한 바로 그해 태어난 프랑스의 드마이예(Benoît de Maillet, 1656~1738)를 들 수 있다. '지구가 한때 완전히 물에 덮여 있다가 물이 서

4 킹제임스판 영문 번역 성경은 1611년 잉글랜드 왕 제임스 1세의 후원으로 출판된 영역 성서로서 흠정판(Authorized Version)이라고도 하며, 이후 300여 년 이상 표준영어 성서로 널리 사용되던 영문 번역 성경이다.

서히 증발해가면서 오늘날의 지구의 모습이 갖추어졌다'는 잘못된 가정에서 출발한 논리이기는 하였지만, 그는 지구의 나이가 적어도 수억 년은 되어야 한다는 것을 주장하였다. 그의 이런 논의는 지구의 기원, 주위에서 관찰되는 지층이나 화석의 생성, 생물의 기원 등에 관하여 합리적인 답을 찾아보려고 했다는 데 의미가 있다. 그러나 이런 드마이예도 자신의 생각을 발표하는 것이 매우 조심스러워 텔리아메드(Telliamed, 그의 이름을 거꾸로 쓴 것)라는 가공의 인도 철학자의 이름을 통해 알렸으며, 그의 원고 또한 그가 죽은 지 10년 후인 1748년에야 출간되었다는 사실은 당시 교회의 위력이 얼마나 막강했는지를 잘 보여주고 있다.

그런데 지구 나이의 추정에 대하여 본격적으로 체계적인 이론적 배경을 제공한 것은 지구가 아닌 태양에 대한 질문에서부터다.

태양은 어떻게 계속 뜨겁게 빛날 수 있을까?

자연을 관찰하는 과학자들이 공통으로 받아들인 중요한 자연법칙의 하나는 '자연에서 일어나는 반응들은 모두 자연스러운 방향을 가지고 있다'는 것이었다. 즉, 물은 높은 곳에서 낮은 곳으로 흐르며, 더운 물체는 자연히 식게 마련이라는 것을 예로 들 수 있는데, 이것은 19세기에 들어서 '열역학 제2법칙'이라는 하나의 중요한 자연의 법칙으로 정리된 자연현상이다.

그런데 이런 관점에서 이미 오래전부터 과학자들을 궁금하게 한 질문이 하나 있었다. 그것은 '태양이 그 뜨거움을 계속 유지할 수 있게 하는 에너지원은 과연 무엇일까?'였다. 오늘날 우리들은 태양 내부에서 수소가 헬륨으로 변환되는 핵융합반응이 일어나며, 이때 발생하는 질량결손이 에너지로 변환되면서 태양에너지의 원천이 된다는 것을 알고 있다.[5] 그러나 20세기 들어 이런 과정들이 밝혀지기 이전까지는 이 질문은 실로 답하기 어려운 문제였다.

이미 기원전 400년경 그리스의 철학자 아낙사고라스(Anaxagoras, "Lord of the Assembly", B.C. 510~B.C. 428)는 태양이 뜨거운 철로 되어 있어서 지구로 계속 열과 빛을 보내고 있다고 주장하였다. 심지어 빅토리아 시대에 이르러서는 태양이 벌겋게 달아오른 석탄에 의해서 에너지를 공급받고 있다는 생각을 하기도 하였다. 그러나 19세기에 이르면 물리학자들이 본격적으로 이 문제에 대한 과학적 논의를 시작하게 된다. 헬름홀츠(Hermann Ludwig Ferdinand von Helmholtz, 1821~1894)는 태양이 형성될 때 많은 물질이 수축하면서 중력에너지가 열에너지로 변환될 수 있으며, 바로 이 에너지가 태양에 에너지를 공급하는 근원이 될 수 있을 것으로 생각하였다. 그러나 이런 방법으로는 태양의 수명이 아무리 길어도 수천만 년을 넘지

5 이 책의 에필로그에서 이에 대한 좀 더 자세한 설명을 해놓았다.

못할 것이라는 점도 추정하였다.

지구가 오늘날의 모습으로 식는 데 걸린 시간은?

그런데 만약 지구도 태양과 마찬가지로 태초에 뜨거운 덩어리였다가 서서히 식어서 오늘날에 이른 것이라면, 지구가 오늘날의 모습으로 식는 데 어느 정도의 시간이 걸린 것일까?

이 질문은 바로 물리학자들이 지구의 나이를 계산하는 방법으로 착안한 것으로서, 그 시작은 뉴턴까지 거슬러간다.

HISTOIRE
NATURELLE,
GÉNÉRALE ET PARTICULIÈRE,
AVEC LA DESCRIPTION
DU CABINET DU ROI.
Tome Premier.

A PARIS,
DE L'IMPRIMERIE ROYALE.
M. DCCXLIX.

프랑스의 박물학자 뷔퐁(좌). 지구 크기의 쇳덩이가 식는 데 9만 6670년, 암석으로 된 지구는 약 7만 5000년 정도가 걸릴 것으로 추정한 글이 담긴 그의 저서 『자연의 여러 시기』(우)

뉴턴

쇳덩어리가 식을 때 크기가 클수록 시간이 오래 걸리는 사실에 기초하여 뉴턴은 지구 크기의 쇳덩어리가 식으려면 적어도 5만 년 정도는 걸릴 것이라 예상하였다.

뷔퐁

구체적 실험 자료를 동원하여 이런 생각에 대한 체계적 연구를 시작한 사람으로 프랑스의 박물학자 뷔퐁(Comte de Buffon, 1707~1788)을 꼽는다. 뷔퐁의 본래 이름은 르클레르(Georges-Louis Leclerc)이며, 대학에서 법학을 공부하기도 하였지만, 독학으로 의학, 식물학, 수학 등을 공부하며 다양한 분야에서 연구의 성과를 남긴 인물이다. 특히 당시 알려진 자연과학의 내용을 50권의 책에 담겠다는 집념으로 일생의 많은 시간을 저술에 바쳤으며, 1749년부터 1788년 세상을 떠날 때까지 『박물지』로 알려져 있는 36권의 책을 발간하는 등의 업적을 이루었다. 이 노력으로 1772년 뷔퐁 백작이라는 작위가 수여되었다. 이 가운데 유명한 것이 1778년에 발간된 제20권 『자연의 생성순서』로서 지구의 역사를 7개의 시기로 나누어 단계별 각 시기의 기간을 식어가는 지구의 개념에서 이해하고자 하였다.

뷔퐁은 자신이 운영하던 제철소에서 크기가 다른 10개의 쇳덩어리 구(球)를 제작하고, 이들이 가열되었다가 식는 과정을 관찰하였다. 이들 자료로부터 지구와 같은 크기의 쇳덩어리가 식는 데 9만

6670년이 걸리며, 암석으로 된 지구는 약 7만 5000년 정도가 걸릴 것으로 추정하였다. 그러나 뷔퐁 자신도 이 값이 너무 짧은 것 같다고 여겼다. 이러한 뷔퐁의 연구는 오늘날의 지구가 단순히 뜨거운 용암이 식어서 만들어졌다는 잘못된 가정에서 출발한 치명적 한계를 지니고 있으나 구체적 실험 방법을 도입한 것과 적어도 지구의 나이가 6000년 정도라는 과거의 생각에서 분명히 벗어나게 한 것 등은 그의 중요한 업적으로 평가받을 만하다. 뷔퐁의 이런 연구가 불과 지금부터 230여 년 전의 연구 결과라는 점이 더욱 놀랍다.

켈빈 경 톰슨

이런 방법으로 지구의 나이를 추정하는 방법을 완성시킨 대표적인 과학자로 이미 앞서 이야기하였던 북아일랜드 출신의 켈빈 경 톰슨을 꼽는다. 톰슨은 이미 10세에 글래스고 대학에 입학이 허락되었던 천재이며, 1845년 케임브리지 대학을 졸업하고 다음 해인 22세에 글래스고 대학의 교수가 되어 1899년 퇴임 시까지 전기, 자기, 조석 이론 등 다양한 분야에서 업적을 쌓았다.

톰슨은 특히 열에 관한 연구에 주력하여 열역학의 확립에 중요한 기여를 하였고 이 공로가 인정되어 후에 켈빈 경이 되었다. 그리고 바로 이와 같은 열에 관한 연구는 그가 지구의 나이에 관심을 갖게 된 요인이기도 하였다. 열역학적 온도의 단위인 켈빈(K)은 톰슨을 기념하여 오늘날 절대 단위로 사용되고 있다.

켈빈은 지구가 형성되었을 때 온도가 오늘날 화산에서 분출되는 용암의 온도(약 1100도) 정도로 생각하고, 암석들의 열전도도를 추정하여 지구와 같은 물체가 서서히 식어가는 과정을 조사하였다. 산업혁명과 함께 석탄 채광을 위하여 지하 깊이까지 파내려 간 광산의 갱도에서 관찰되는 온도 기울기에 이르기까지 지구가 식는 데 필요한 시간을 구하려고 했으며, 톰슨은 이 시간이 지질학자들이나 생물학자들이 고려해볼 수 있는 지구 나이의 최대라고 생각하였다. 그런데 이 같은 방법은 수학적으로 엄밀해 보이기는 했으나, 막상 이를 지구에 적용하는 것이 그리 쉬운 일은 아니었다. 특히 최초의 추정에서 수년이 지난 1862년, 그는 자신의 추정에 오차가 있음을 깨닫고 지구 나이가 약 2천만 년에서 4억 년 정도에 이른다는 결론을 내리기도 하였다. 톰슨이 처음으로 추정한 지구의 나이는 약 1억 년 정도였다.

바다의 나이, 곧 지구의 나이

1억 년이라는 값이 당대의 학문적 대가 켈빈이 완벽한(?) 물리학적 방법으로 접근하여 얻은 지구의 나이였다는 연유이었을 것 같기도 하지만, 당시의 지질학자 또는 생물학자들이 나름대로 얻어보려고 시도한 여러 추정치가 대개 이 값의 근처에 머무르고 있었다는 것이 매우 흥미롭다. 대표적인 예를 하나 들면 바닷물은 왜 짠가 하는 궁금증이 바다의 나이, 즉 지구의 나이를 추정하는 도구로 이용된 것이다.

이미 1670년경 '해양학의 아버지'라고도 불리는 영국의 보일(Robert Boyle, 1627~1691)은 적은 양이기는 하지만 강물을 통해 바다로 염들이 운반되고 있음을 밝혔다. 바닷물이 짜게 되는 원인을 이해한 것이다. 이어 1715년 유명한 천문학자 핼리(Edmund Halley, 1656~1742)는 '바닷물이 가진 총 염의 양을 매년 바다로 유입되는 염의 양으로 나누면 이것이 바로 바다의 나이, 따라서 지구의 나이가 되지 않을까'라는 제안을 하였다. 이 생각을 가장 체계적으로 시도한 사람으로 아일랜드의 존 졸리(John Jolly, 1857~1933)를 꼽는다. 1899년 영웅적인 노력을 통하여 바다의 나이,[6] 즉 지구의 나이를 약 9천만 년으로 추정하였다.

세기의 대결: 젊은 지구 대 늙은 지구

그러나 1880년경 젊은 학자들에 의하여 암석에 대한 더욱 정밀한 측정이 이루어지면서 지구의 나이가 약 2천5백만 년 정도로 새로이 추정되었다. 이 새로운 결과에 대하여 켈빈은 지지 의사를 밝히고, 지구가 장구한 시간에 걸쳐 지질 과정

6 오늘날 바다는 물질이 공급될 뿐만 아니라 또한 제거되기도 하는 열린 계(system)라는 것을 알고 있으며, 따라서 이 값은 바다의 나이가 아니라 물질들이 바다에 들어가서 다시 바다에서 제거될 때까지 평균적으로 머물 수 있는 체류시간, 즉 "평균체류시간(residence time)"의 개념으로 이해되고 있다.

의 역사를 반복해왔다는 생각은 적절하지 않다고 주장하였다. 그러나 지구를 직접 살피고 공부해온 지질학자들에게 이 숫자는 너무 짧게 여겨졌다. 특히 젊은 지구에 대하여 회의를 가졌던 또 다른 분야의 과학자들로 진화론을 주장한 다윈을 들 수 있다. 지구상에서 진화의 과정이 진행되어 사람까지 오는 데 있어서 3천만 년은 너무도 짧은 시간으로 여겨진 것이다.

많은 지질학자가 지구가 이보다는 훨씬 오래된 나이를 가지고 있으리라고 추정한 가장 중요한 근거는 허턴(James Hutton)이 1784년 제시한 동일과정의 법칙이다. '현재는 과거의 열쇠'라고도 표현되는 이 법칙은 오늘날 지구상에서 관측되는 여러 지질 과정이 과거에도 꾸준히 진행되어왔다는 사실에 기초한 것이다. 특히 육상에서 관측되는 두꺼운 퇴적층 역시 오늘날 바다에 조금씩 쌓여가는 퇴적물이 충분한 시간 동안 지속되면 만들어질 수 있다는 생각이었다. 그렇게 계산해볼 때 1억 년 정도는 그나마 받아들여볼 수 있는 시간으로 여겼지만, 2천5백만 년은 주위에 보이는 두꺼운 퇴적층을 설명하기에 너무 짧은 시간이었다. 그러나 켈빈을 대표로 하는 물리학자들이 이론적 근거를 가지고 주장하는 젊은 지구에 대하여 감히 반대의견을 내는 것은 당시의 켈빈의 위치로 보아 엄청나게 힘든 일이었다. 이에 대하여 결정적으로 이론적 반론을 제기할 수 있게 해준 일련의 놀라운 발견들이 1895년 겨울을 시작으로 하여 전개되었다.

2
X선:
20세기를
준비한
놀라운 발견

2
X선: 20세기를 준비한 놀라운 발견

근대 과학 시작의 중요한 분수령, 1895년 말

많은 사람은 뢴트겐(Wilhelm Konrad Rontgen, 1845~1923)이 음극선 연구 중 우연히 놀라운 투과력을 발휘하는 X선을 발견한 1895년 말을 근대과학이 본격적으로 시작되는 중요한 분수령의 하나로 꼽는다. 이어진 1896년의 베크렐(Henri Becquerel)의 방사능 발견, 1897년 톰슨(Joseph Thomson)의 전자의 발견 등은 20세기를 준비하는 중요한 사건이었다.

지금부터 130여 년 전, 아직 노벨상이 채 제정되지 않았던 당시로 시계를 되돌려 돌아가 보자. 뢴트겐이 X선을 발견한 1895년은

『타임(*Time*)』지가 20세기의 인물로 선정한 아인슈타인이 세상에 알려지지 않은 16세 학생이었던 시절이다. 물론 비행기는 없었으며(라이트 형제가 처음으로 비행에 성공한 것이 1903년 10월 17일이다), 전지를 필요로 하는 원시적인 전화가 막 시작될 즈음이었다. 우리 생활의 필수품이 되어버린 전기는 거의 없었으며 물론 자동차도 없었다. 이것은 2년 뒤 '핵물리학의 아버지'라고 불리는 러더퍼드(Ernest Rutherford)가 어머니에게 보낸 편지에서 런던의 만국박람회에 요란한 소리와 함께 시속 20 km로 달리는 자동차가 등장한 것을 알린 내용을 통해 알 수 있다. 당시의 중요한 교통수단은 말이 끄는 마차였다. 물론 이때도 교통사고가 없었던 것은 아니다. 말의 제어가 갑자기 불가능해졌을 때 사고가 나곤 했는데, 1906년 4월 19일에는 아깝게도 퀴리 부인의 남편이었던 피에르 퀴리가 이런 마차 사고로 사망하게 된다. 자동차가 없어서 매연은 없었던 것이 사실이나 당시에는 말똥 가루가 오늘날의 매연의 일부를 대신했던 것으로 보인다.

그렇지만 그 당시에도 곧 20세기에 접어들면서 새로운 과학이 놀라울 정도로 꽃필 것을 예견하는 흥미로운 연구와 이에 흥분하고 있었던 상황을 알 수 있는 자료들이 발견된다. 반양성자를 발견한 연구로 1959년 노벨 물리학상을 수상한 세그레(Emilio Gino Segrè, 1905~1989, 이탈리아 출신의 과학자로서 당시 미국 캘리포니아 대학교 버클리 캠퍼스 교수)는 『X선에서 쿼크까지』라는 저서에서 당시의 상황을 생생하게 기술하고 있다. 세그레와 함께 130여 년 전으로 돌아가 새로운 세기를 맞이하던 당시의 모습을 살펴보고 지금과 한번 비교해보는 것도 재미있을 것 같다.

당시 물리학 실험실의 필수 연구 장비들

물리학과 화학이 크게 구별되지 않았던 당시의 실험실의 규모는 지금과 비교하면 정말 형편없이 초라한 모습임에 놀라지 않을 수 없다. 그런데 당시의 모습을 미루어 짐작해 볼 수 있는 몇 가지의 중요한 필수 연구 장비들이 있다.

첫째는 축전지이다. 1800년 볼타(Alessandro Giuseppe Antonio Anastasio Volta, 1745~1827)가 왕립협회에 발표한 논문에서 아연과 구리판 등으로 구성된 전지를 처음으로 제시한 이후, 전기를 만들어 내는 장치는 실험실의 매우 중요한 필수품으로 되어 있었다. 당시의 표준화된 전지는 분젠전지(bunsen cell)라고 불리는 것이었는데 흑연과 아말감이 입혀진 아연, 그리고 황산과 질산으로 구성된 1.95 V 전지이며 구성 성분으로 미루어볼 때 그 관리가 만만치 않았을 것이라 상상이 된다.

둘째는 고전압을 만들며 긴 불꽃방전을 일으킬 수 있는 룸코르프(Ruhmkorff) 유도코일이었다. 원통형 철심에 절연시킨 두 개의 코일을 감은 것이다. 1차 코일은 굵은 전선으로 두서너 번 감고 2차 코일

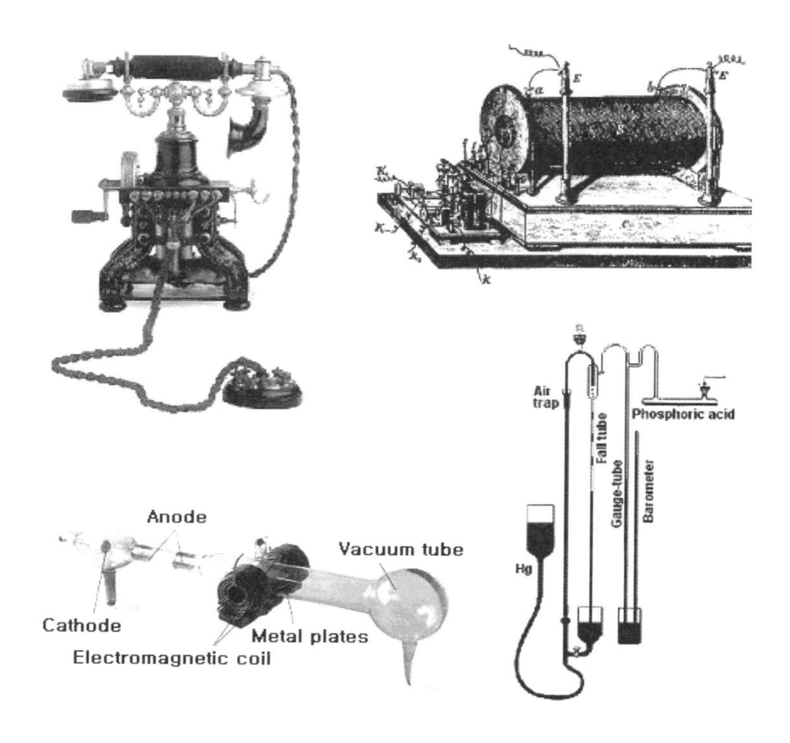

20세기를 맞던 시기의 전화기 및 이과 실험실의 필수장비들인 룸코르프(Ruhmkorff) 유도코일 및 수은 진공 장치. 그리고 톰슨이 전자 발견에 사용하였던 음극선관(왼쪽 위부터 시계방향으로)

은 몇 마일이나 되는 가느다란 선을 수없이 감은 것이다. 1차 코일에 전지로부터 전류를 흘려주며 스위치를 되풀이하여 차단시켜 1차 전류를 변화시키면, 이에 따라 2차 코일에 전류가 유도되어 두 단자에 전위차가 만들어지는 장치였다. 런던의 왕립학회에 보관되어 있는 당시의 큰 룸코르프 코일은 2차 코일의 길이가 무려 450 km나

되며 1 m 이상이나 되는 긴 불꽃을 튀겼다고 전해진다. 1895년 뢴트겐이 사용한 코일도 직경 20 cm, 길이 50 cm의 대형으로 1차 코일의 전류도 약 20암페어(amp.) 정도의 것이었다.

그리고 셋째는 성공적인 실험을 위해 아주 중요한 진공펌프였다. 당시 최상의 진공을 얻기 위하여 사용되었던 수은 진공펌프를 보면, 왼쪽에 있는 그릇 속의 수은이 한 방울씩 관(Fall tube) 속으로 떨어지면서 공기를 한 방울 한 방울씩 유리 기구 밖으로 밀어내어 진공을 만들어내는 형태였다. 진공을 필요로 하는 관은 인산을 담은 건조 그릇의 오른쪽으로 연결되며, 중앙에는 진공의 정도를 재기 위하여 수은 기압계가 붙어 있었다. 물론 수은 그릇을 손으로 여러 번 올렸다 내렸다 해야 하는데, 이런 실험을 위해 조교들이 수행하여야 했을 고된 수고가 상상된다.

근대 과학의 시작점, 뢴트겐의 X선 발견

뢴트겐은 독일 출생의 물리학자로, 1868년 취리히 공과대학(ETH Zürich)을 졸업하고 1869년 취리히 대학교에서 박사학위를 받았다. X선을 발견할 당시 그는 뷔르츠부르크 대학교에서 물리학 교수로 재직하고 있었는데, 음극선에 관심을 가지고 연구를 하다가 우연히 X선을 발견하게 된다. 1895년 11월 8

일 뢴트겐은 검은 마분지를 완전히 덮어씌운 크룩스관으로 음극선 실험을 하고 있었다. 그런데 우연히 그 근처에 스크린으로 사용하고 있던 백금 시안화바륨을 칠한 종이판에서 형광이 나오고 있는 것을 발견하였다. 종이가 빛을 낸다는 것은 무엇인가가 그 종이판을 때리고 있는 것을 의미하는 것이었다. 그런데 이 크룩스관은 검은 마분지로 덮여 있어서 어떤 빛이나 음극선도 거기서 나올 수 없었던 것이다. 이를 통해 방전관으로부터 알 수 없는 선이 나오는 것을 확인하였는데, 이 선이 가지고 있는 가장 큰 특징은 여러 물질에 대하여 놀랄 만한 투과력을 가지고 있는 것이었다.

X선의 놀라운 투과력

X선의 가장 큰 특징인 놀랄 만한 투과력을 시험하기 위하여 뢴트겐은 검은 종이 이외에도 책, 카드, 목판, 알루미늄 등의 여러 가지

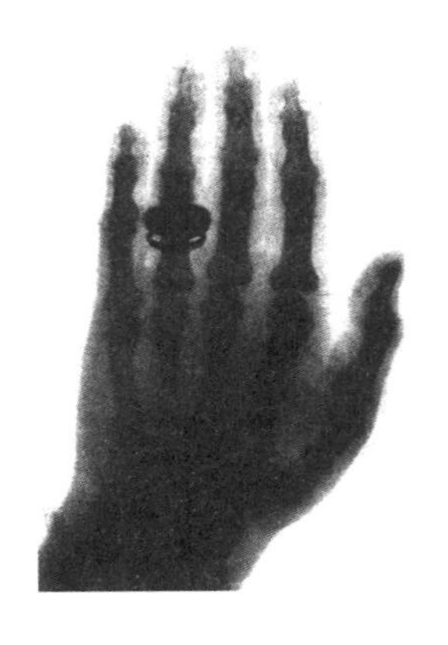

X선을 이용해서 1895년 12월 22일 뢴트겐이 찍은 그의 부인의 손. 끼고 있는 반지가 함께 보인다.
(출처: Deutsches Museum, Munich)

물체를 방전관과 형광판 사이에 놓아보았으나 어느 것도 형광을 막을 수 없었다. 특히 방전관과 형광판 사이에 자신의 손을 집어넣었을 때 손가락뼈의 영상을 볼 수 있었는데 생각해보면 굉장한 일이었을 것이다. 정체를 알 수 없는 선의 존재를 손가락뼈의 영상을 통하여 확인할 수 있었기 때문이다. 물질에 대한 투과력 이외에도 이 이상한 선은 음극선과는 달리 전기장이나 자기장에서 전혀 진로가 휘어지지 않았고, 거울이나 렌즈에도 쉽게 반사나 굴절이 되지 않는 특징을 보였다. 이렇게 발견된 '새로운 종류의 빛'의 정체를 알 수 없다는 이유로 이 선을 X선이라고 명명하였다.

1895년이 거의 저물어가던 무렵 X선을 발견한 뢴트겐은 12월 28일 뷔르츠부르크 물리학-의학협회에 「하나의 새로운 종류의 방사선에 관하여」라는 제목으로 X선 발견을 발표하는 논문을 제출하였다. 그리고 며칠 뒤인 1896년 1월 1일 재빨리 인쇄된 논문 초고가 반지를 낀 그의 부인의 손을 찍은 X선 사진과 함께 유럽 각지의 동료들에게 배포되었다. 물체를 투시할 수 있는 능력을 가지고 있는 X선에 관한 믿을 수 없는 소식에 전 과학계에 큰 소동이 일어났던 것은 말할 것도 없다. 뢴트겐은 즉시 많은 강연에 초대되었지만 모두 거절하였다. 그런데 한 번의 예외가 있었다. 바로 황제가 이것을 보고 싶어 했던 것이다. 1896년 1월 13일 황제 앞에서 하게 된 시연을 앞두고 뢴트겐이 한 고민을 보면 재미있다.

"황제께서 행운이 있으시면 좋겠습니다. 왜냐하면 이 관은 쉽게 깨질 수 있는 데다가 만약 새것을 만들어 이를 진공으로 만들려면 족히 나흘은 걸리기 때문입니다."

진공을 만드는 것이 얼마나 어려웠는지를 잘 보여주는 대목이다. 다행스럽게도 황제 앞에서의 시연은 무사히 잘 끝났고 뢴트겐은 황제의 만찬에 초대되었고 훈장을 받기도 했다.

이와 유사한 시연이 30년 후 이탈리아에서도 일어났다. 여왕이 물리학과 교수에게 시연을 요청해온 것이다. 이 학과의 잔키라는 나이 많은 실험조수가 수은 펌프로 관을 배기시키는 데 하룻밤을 꼬박 새우며 노심초사했지만, 시연은 다행히 성공적으로 끝났다는 이야기

새로운 뢰트겐 사진기 "여기보세요, 농부아저씨"

뢴트겐의 X선 발견이 일반에게 받아들여진 정황을 보여주는 당시의 그림

가 전해진다.

뢴트겐의 발견 이후 많은 물리학자와 의사가 새 빛을 연구하는 데 몰려들어 1986년 한 해에만도 X선에 대한 천 편이 넘는 논문이 나왔으나, 정작 뢴트겐 자신은 1986년, 1987년에 단 두 편의 논문을 더 썼을 뿐이었다. 그러나 1901년 시작된 노벨상의 제1회 수상자로 뢴트겐이 아래와 같은 공로로 노벨 물리학상에 수상 선정된 것은 전혀 놀라운 일이 아니었다.

"in recognition of the extraordinary services he has rendered by the discovery of the remarkable rays subsequently named after him"(그의 이름이 붙어 있는 놀라운 방사선의 발견)

많은 노벨상 수상자를 배출시킨 X선 연구

뢴트겐이 사람을 해부하지도 않은 채 살아 있는 사람의 뼈를 볼 수 있었다는 소문은 초기에는 한편에서 대중들에게 터무니없는 두려움과 오해를 불러일으켰던 것도 사실이다. 그러나 이같이 놀라움을 안겨준 X선은 발견 후 X선의 물질투과 특징의 응용성이 즉각적으로 인정되어 오늘날까지도 의학계를 포함한 다양한 방면에서 중요하게 응용되고 있다. X선을 흡수하는 정도는 물질에 따라 다른데 밀도가 높은 물질일수록 X선은 투과하기 어렵다. 이 때문에 X선을 조사한 물질의 뒤쪽에 형광판 또는 사진 필름을 놓으면, 물체 내부의 밀도 변화에 대응하는 농담의 그늘이 찍히며, 이를 통하여 물체(또는 생체)의 내부조직 상태를 알 수 있다. X선 진단, X선에 의한 물체의 비파괴검사 등은 X선의 이러한 성질을 이용한 것이다. 인체의 외부에서 골절을 조사하거나 폐결핵의 상태를 알 수 있는 등 의학 진단에 이용되는 의학용 X선 사진 또는 주물이나 용접 부분 등의 내부의 균열이나 흠의 유무를 검사하는 공업용 X선 사진 등은 대표적인 X선 투과 사진들이다.

1953년 봄 영국 Cavendish 실험실에서 연구하던 Watson과 Crick이 DNA의 이중나선 구조를 처음으로 밝히고 그들이 제작한 모형 앞에서 찍은 사진. Crick이 들고 있는 계산자는 사진사(A.C. Barrington Brown)가 제안한 것이라고 한다.

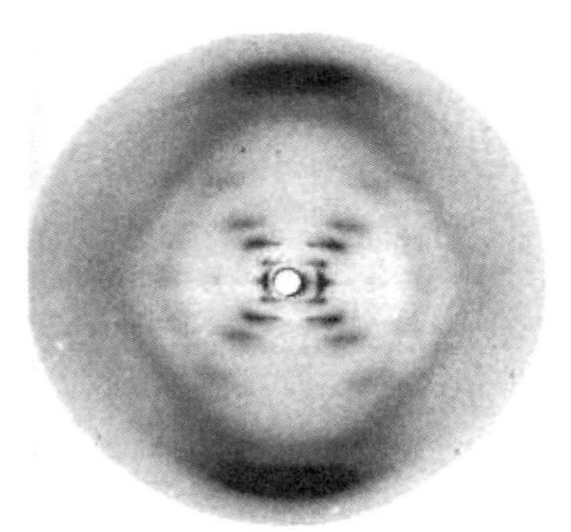

영국 King's College London에서 DNA의 구조를 연구하던 Rosalind Franklin에 의해서 1952년 5월 초 얻어진 x-ray 사진. Watson과 Crick이 DNA의 3차원 구조를 밝히는 데 있어서 결정적인 역할을 하였다.

이 외에 X선이 중요하게 응용되는 분야 중에서 결정의 구조를 연구하는 분야가 있다. 이것은 결정 내에서의 원자(이온이나 분자 등)들 사이의 간격과 X선의 파장이 거의 같은 크기를 가지고 있는 것을 응용하는 것이다. 결정에 X선을 비추면 X선이 회절하면서 만들어지는 회절상이 필름에 기록될 수 있는데, 이것이 X선 회절사진이며 이 사진의 흑화점의 위치나 농도를 해석하여 결정구조를 이해할 수 있다. 이러한 연구는 X선 결정학이라는 새로운 학문 분야를 탄생시켰다. 오늘날의 분자 생물학이라는 놀라운 새 학문 영역을 탄생시키는 기원이 되는 왓슨(James D. Watson, 1928~)과 크릭(Francis H. C. Crick, 1916~2004)의 DNA 구조 결정도 1952년 5월 프랭클린(Rosalind Franklin, 1920~1958)이 얻은 B형 DNA 결정의 X선 회절사진이 없었으면 불가능했을 일이다. 왓슨과 크릭이 DNA 모형을 발표한 논문이 1953년 4월 『Nature』지에 게재될 때 이와 나란히 프랭클린과 고슬링의 X선 회절자료가 발표되며, 왓슨과 크릭은 9년 뒤인 1962년 윌킨스(Maurice Wilkins)와 함께 노벨 생리의학상을 수상하게 된다.[7]

그리고 바로 같은 해 노벨 화학상은 X선을 이용하여 헤모글로빈과 미오글로빈 단백질의 입체구조를 밝힌 페루츠(Max Peruz)와 켄

7 1950년대 DNA 구조가 밝혀지기까지 당시 영국 캐빈디쉬 실험실(Cavendish Laboratory)에 있었던 왓슨과 크릭, 미국 칼텍의 폴링 그리고 주위의 여러 연구자 사이에 얽혀진 숨 막히고 흥미진진한 뒷이야기는 왓슨이 저술한 『이중나선(Double Helix)』에 잘 기술되어 있으며, 우리말로도 번역되어 있다. Crick의 *What Mad Pursuit*라는 책도 출간되어 있다.

드루(John Kendrew)에게 돌아갔다. 도로시 호지킨(Dorothy Mary C. Hodgkin)도 X선을 이용하여 생리활성물질인 비타민 B_{12}의 구조를 밝힌 연구로 1964년 노벨 화학상을 수상하였다. 1967년에는 하늘을 향한 X선 탐지기가 여성 과학자 죠슬린 벨(Dame Susan Jocelyn Bell Burnell, 1943)에게 중성자별 발견의 영예를 안겨주었고, 1974년 그녀의 지도교수였던 휴이시(Antony Hewish, 1924~)는 이 연구로 노벨 물리학상을 수상한다. 중성자별은 초신성폭발을 마지막으로 일생을 마치는 별이 도달하는 종착역[8]의 하나이다. 더 나아가 1988년 노벨 화학상을 수상한 미헬(Hartmut Michel)과 후버(Robert Huber)도 X선을 이용해 박테리오로돕신이라는 광합성 세균의 광합성 색소를 연구하면서 광합성이 일어나는 반응 중심 부분의 단백질 구조를 밝히는 데 성공하기도 했다.

이렇게 X선은 지금까지 현대 과학의 발전에 엄청난 기여를 해오고 있다. 그렇지만 X선 연구가 이루어낸 또 하나의 중요한 업적으로 모즐리(Henry Gwyn Jeffreys Moseley, 1887~1915)가 1911년 러더퍼드와 연구를 수행하면서 밝혀낸 원자번호의 개념을 들 수 있을 것이다. 이에 대해서는 뒤에 더 자세히 다루기로 하고, 이제 X선의 정체를 밝히려는 연구에서 이어진 베크렐선, 즉 방사능의 발견으로부터 이야기를 계속해가기로 하자.

8 중성자별 이외의 또 하나의 종착역이 바로 블랙홀(Black Hole)이다.

3
베크렐선
(방사선)의
발견

3
베크렐선(방사선)의 발견

1896년 1월 1일 뢴트겐의 논문 초고가 반지를 낀 그의 부인의 손을 찍은 X선 사진과 함께 유럽 각지의 동료들에게 배포되었을 때, 이 소식을 들은 사람들 중 프랑스의 푸앵카레(Jules-Henri Poincaré, 1854~1912)가 포함되어 있었다. 푸앵카레는 흔히 수학자로 알려져 있지만 항상 기초적인 물리학 연구에도 큰 관심을 가지고 있던 과학자였기에 뢴트겐의 발견에 흥분하였던 당시의 대표적인 과학자들 중 한 사람이었을 것이다.

푸앵카레는 1896년 1월 20일 자신이 회원이었던 과학아카데미의

방사능을 발견한 베크렐(좌). 우라늄에 헬륨이 있음을 연구한 램지(우)와 지구의 나이에 대하여 '늙은 지구' 편에 손을 들어줄 수 있었던 러더퍼드(중)

주례회의[9]에서 뢴트겐이 보내준 첫 X선 사진을 공개하고, 이 선이 아마 음극의 반대쪽인 형광이 나오는 유리쪽으로부터 나오는 것 같다는 설명을 덧붙였다. 이 자리에 참석하였던 앙리 베크렐(Antoine Henri Becquerel, 1852~1908)은 X선과 자신이 연구해오고 있던 형광과 어떤 관계가 있지는 않을까 생각하면서 즉시 다음 날부터 형광물질들이 과연 X선을 내는지를 조사하기 시작한다. 그리고 몇 주도 되지 않아서 베크렐은 방사능을 발견하게 된다.

9 이 회의는 놀랍게도 매주 한 번씩 모여 최신의 연구 결과를 발표하고 서로 토론하는 자리였으며, 베크렐의 방사능 발견 소식이 보고되고 알려지는 데 중요한 역할을 한다.

자연사박물관의 교수 가문 베크렐가(家)

앙리 베크렐은 당대의 저명한 물리학자 이었던 에드몽 베크렐(1820~1891)을 아버지로, 세자르 베크렐(1788~1878)을 할아버지로 둔 물리학자들의 가정에서 태어났다. 할아버지 세자르는 에콜 폴리테크닉을 졸업한 1기 장교였다. 1810~1812년 스페인에서 있었던 전쟁에도 참여하였으나, 전선에서의 부상 등으로 건강이 좋지 않아 1815년 나폴레옹의 실각 후 군을 떠난다. 그러나 물리학에 관심을 가졌던 세자르는 그 후 파리의 자연사박물관 교수가 되고 이후에는 관장까지 되었다. 그런데 이 박물관의 교수직은 일종의 세습직으로 되어 있어 4대에 걸쳐 앙리 베크렐의 아들 장에게까지 계승된다. 4대에 걸쳐 교수직을 계승하였다는 것은 오늘날 관점에서 보면 도저히 있을 수가 없는('용납할 수 없는'이라는 표현이 더 적절할 것이다) 놀라운 일이다.

집안의 전통을 따라 앙리 베크렐도 에콜 폴리테크닉에서 공부하였다. 그리고 1895년 뢴트겐이 X선을 발견하였을 때, 앙리는 토목국 기사장을 거쳐 아버지 에드몽의 박물관 교수직을 계승하고 또한 에콜 폴리테크닉의 교수로 인광과 형광에 대한 연구를 계속하고 있었다. 에콜 폴리테크닉은 나폴레옹 시절 세워진 프랑스 최고의 엘리트 과학교육기관으로서, 여러 해 동안 프랑스의 기술, 과학 그리고 군사 분야의 전문가를 수없이 배출하였다. 이런 이유로 프랑스에서 과학자나 기술자 또는 군인으로 경력을 쌓기 위해서는 이 학교 출신을 가리키는 '폴리테크니시앙'이어야 한다는 묵시적인 조건이 생길 정도였다. 피에르 퀴리가 처음에 곤란을 많이 받은 것도 한편으로는 이 폴리테크닉 출신이 아니었기 때문이라고 전해진다.

베크렐가의 전통은 인광과 형광에 관한 연구였다. 어떤 물질이 햇빛 등의 자극을 받을 때 발광하는 현상을 형광이라고 부르며, 이러한 햇빛과 같은 자극이 없어지더라도 계속해서 발광을 하면 이를 인광이라고 부른다. 우리나라에서 예로부터 알려져 있는 고목(古木)의 도깨비불은 인광의 대표적인 예이다. 앙리의 아버지 에드몽은 형광을 내는 우라늄의 전문가였다. 따라서 우라늄 광으로부터 방사능을 발견한 것은 어쩌면 앙리의 운명이었는지도 모르며 사실 그도 그렇게 말하곤 했다.

"형광을 충분히 강하게 방출하는 물질이라면 형광의 원인이 무엇이건 간에 X선을 방출할 수 있는 것이 아닐까?"

푸앵카레가 1896년 1월 30일 뢴트겐의 연구를 프랑스 과학지 *Revue générale des sciences*에 소개하면서 제기한 질문이었다. 베크렐의 실험은 이 질문에 본격적으로 답을 해보려는 작업으로 시작된 것이다.

베크렐은 아버지가 연구에 사용하였던 형광물질인 우라늄 염을 사용하여 실험을 시작하였다. 2월 24일 보고한 첫 실험 내용 내용을 살펴보면 무엇인가 새로운 발견이 이루어지기 시작하는 것을 알 수 있다.

“하루 종일 햇볕에 쪼이더라도 빛이 들어갈 수 없게끔 두꺼운 검은 종이로 싼 사진 건판 위에 형광물질을 올려놓고 이 전체를 햇빛에 노출시켜보았다. 그러자 현상한 사진 건판에는 이 형광물질의 그림자가 음화로 나타나고 있었다.

…우리는 햇빛을 통과하지 못하는 종이를 투과할 수 있는 방사선이 이 인광물질에서 방출된다는 결론을 내렸다.”…10

베크렐은 ‘이 우라늄 염이 햇빛에 의하여 형광을 내는 동안 X선을 동시에 방출하고, 이 X선이 햇빛이 투과하지 못하는 종이를 투과하여 들어가서 사진 건판을 감광시켰다’는 그릇된 결론을 내리며, 그 결과를 과학원에 보고한 것이다. 그러나 이 잘못된 결론은 곧 행운(?)의 사건을 통하여 수정된다. 즉, 뜻하지 않았던 구름 낀 파리의 궂은 날씨가 아주 중요한 한몫을 담당한 것이다.

10 *Comptes-rendus de l'Academie des Sciences*, Paris 122, 420 (1896).

파리의 궂은 날씨가 준 뜻밖의 선물

베크렐이 계속 실험을 수행하려던 2월 26일과 27일은 공교롭게도 파리의 날씨가 나빠서 햇빛이 없었기 때문에, 장시간 햇빛을 필요로 하는 이 실험을 결국 포기할 수밖에 없었다. 종이로 싼 사진 건판 위에 우라늄 화합물을 놓은 채 모든 실험 도구를 서랍 속에 넣어둘 수밖에 없었던 것이다. 햇빛이 없었기에 희미한 그림자밖에는 나올 수 없을 것으로 예상하고 며칠 후인 3월 1일에 사진 건판을 현상한 베크렐은 예상과 전혀 다른 결과를 보게 된다. 그는 이 결과를 즉시 3월 2일에 있던 과학원 모임에서 발표한다.

며칠 동안 햇빛이 없었기 때문에 희미한 그림자가 나올 것으로 예상하고 3월 1일 사진 건판을 현상했다. 그러나 예상과 반대로 매우 진한 그림자가 사진 건판에 나타났다. 나는 즉시 이 작용이 어둠속에서도 일어날 수 있다는 데 생각이 미쳤다.[11]

베크렐은 햇빛이 없는 어둠 속에서도 우라늄 염에 의해서 사진 건판을 현상시키는 빛이 나오는 새로운 현상을 발견한 것이다.

11 *Comptes-rendus de l'Academie des Sciences*, Paris 122, 501 (1896), *Comptes-rendus* 126, 1086 (1896).

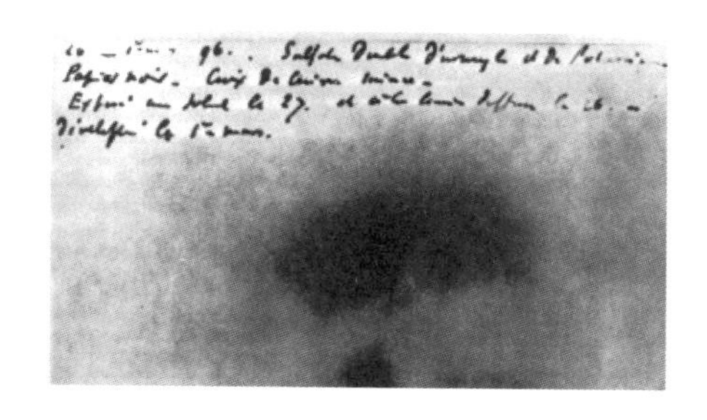

햇빛이 없는 상황에서도 예상과 달리 사진 건판이 현상된 모습을 보여주는 사진

이 사건은 우연히 새로운 어떤 것을 발견하는 대표적인 예이다. 그러나 물론 여기에는 발견자의 현명함과 그리고 준비성이 결정적인 역할을 하였음을 간과해서는 안 된다. 베크렐은 이어 3월 9일에는 우라늄 염에서 나오는 빛이 종이로 싸여 있는 사진 건판을 검게 만들뿐만 아니라 주위의 기체를 전리시켜 도체를 만드는 것도 발견한다. 어떤 시료가 이런 성질을 가지고 있는지의 여부를 전리작용을 측정함으로써 쉽게 판별할 수 있는 것이다. 이런 측정에 사용되는 기구는 금박 검전기라고 불리는 소박한 장치였다. 사실 베크렐선(방사선)의 발견은 실로 엄청난 파급효과를 가지고 있었으나, 그 당시는 X선의 발견이 일으켰던 것과 같은 흥분을 일으키지 못했는데, 그것은 X선의 흥분이 아직도 과학계를 이끌어가고 있었기 때문이다. 방사선의 중요성이 주목을 받게 된 데는 퀴리 부부가 본격적으로 연구대열에 참여하기까지의 약 2년의 시간을 더 필요로 하였다.

베크렐은 이 기이한 현상이 우라늄 광물들만이 가지고 있는 특별한 성질이라고 생각하였다. 따라서 베크렐은 이에 관한 연구에 열심이었으나 시료를 우라늄으로 국한시키고 있었으며, 이에 대하여 그는 나중에 다음과 같이 술회하고 있다.

"새 방사선이 우라늄에서 발견되었기 때문에 더 큰 활성이 다른 물체에서 나타나리라 생각되지 않았습니다. 그래서 다른 물질에서도 이런 현상이 있는지를 찾아 이를 일반화하는 것보다는 그 빛의 본성을 이해하기 위한 물리학적 연구가 더 급한 것으로 생각되었습니다."

베크렐선에서 방사선으로

이런 현상이 우라늄만이 아니라 원자들이 가지는 일반적 성질임이 밝혀지기 위해서는 1903년 베크렐과 함께 노벨 물리학상을 탄 퀴리 부부의 역할이 필요하였다.

퀴리 부인의 등장

퀴리 부인(Marie Curie, 1867~1934)이 마리아 스클로도브스카(Marie Sklodowska)라는 이름의 폴란드 출신 처녀로 물리학을 공부하기 위하여 24세에 파리로 유학을 온 것은 1891년의 일이다. 그리고 곧 이학부에 등록하여 물리학, 화학, 수학 등의 강의를 수강하였

퀴리 부인(좌). 퀴리 부부가 자전거를 이용한 신혼여행을 하면서 함께 찍은 사진(우)

는데, 1894년 파리를 방문했던 폴란드의 물리학자 코발스키가 이런 마리아를 피에르 퀴리(Pierre Curie, 1859~1906)에게 소개하였다. 당시 마리아보다 여덟 살 위였던 35세의 피에르 퀴리는 24세 때부터 파리의 물리학 및 화학학교의 실험실 주임으로 임명되어 있었으며, 이미 레코드판을 만드는 데 활용되었던 피에조 압전 등에 관한 연구 등을 통하여 꽤 명성을 얻고 있던 때이다. 그리고 이들은 이듬해 1895년 7월 결혼하게 된다.

이들의 신혼여행은 프랑스 시골로의 자전거(혼수품을 마련할 돈으로 대신 구입한 자전거) 여행이었으며, 이후에도 심신을 풀어야 될 일이 있을 때는 종종 자전거 여행을 하였다고 전해진다. 결혼을 하였을 때 퀴리 부인은 이미 박사학위 자격시험에 합격하여 있었으며 첫딸 이렌느가 태어난 1897년 가을에는 박사학위 제목을 정해야 할 때이었다. 남편 피에르는 베크렐이 발견한 "새로운 현상"에 관한 연구를 수행하면 좋겠다는 조언을 하게 되며, 이때부터 퀴리 부인의

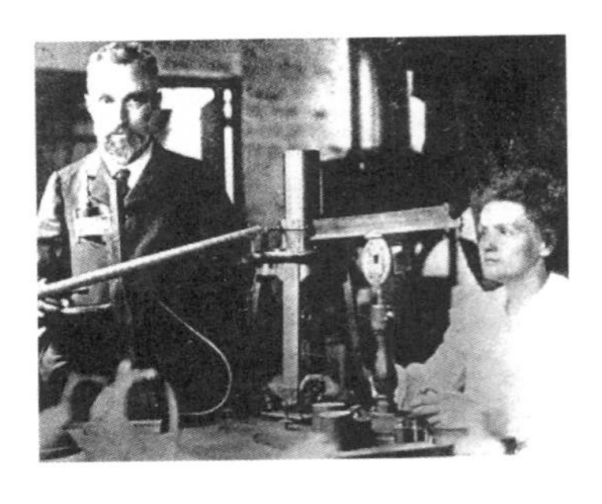

피에르가 만든 수정 검전기 앞에서 연구를 수행하고 있는 피에르와 마리 퀴리 부부

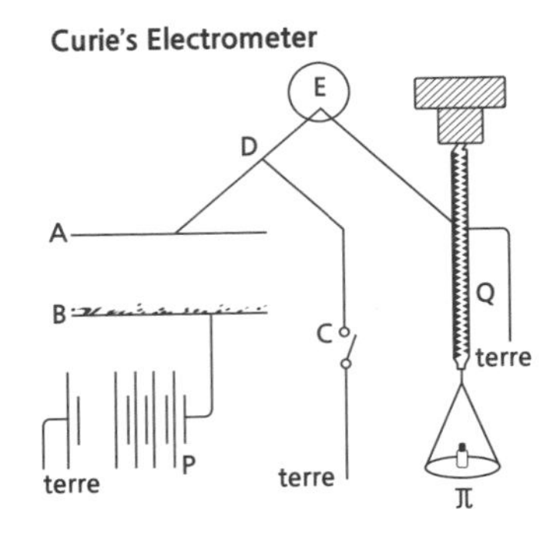

피에르 퀴리가 피에조 압전위를 이용하여 고안한 방사능측정용 검전기. B에 놓여 있는 방사성 물질에서 나오는 방사선의 전리작용에 의해서 일종의 콘덴서(축전기)인 AB 사이에 만들어지는 전위와 무게에 의해서 만들어지는 피에조 전기의 전위가 같게 되는 점을 찾아 이를 전위계 E로 측정한다.

본격적인 연구가 시작된 것이다.

이들이 처음으로 수행한 연구는 베크렐이 수행하였던 실험을 되풀이해보는 것이었다. 그런데 특이한 점은 이들은 실험에서 이 현상의 더욱 정확한 측정을 위해서 베크렐의 금박검전기 대신 피에르가 고안한 검전기를 이용한 것이다(그림 참조). 이 장치는 B에 놓여 있는 방사성 물질에서 나오는 방사선에 의해서 전리된 공기 중의 전기량을 측정하는 것이었다. 전리작용에 의해서 일종의 콘덴서(축전기)인 AB 사이에 만들어지는 전위와 무게에 의해서 만들어지는 피에조 전기의 전위가 같게 되는 점을 찾아 이를 전위계 E로 측정하는 것이다. 이러한 검전기를 이용하여 우라늄이 내는 방사선의 강도는 화합물 속에 들어 있는 우라늄의 양에만 비례하며, 이 우라늄이 우라늄 금속이든, 염화물 또는 산화물이든 우라늄의 화학적인 형태에는 전혀 무관하다는 베크렐의 발견을 증명하였다. 즉 방사선의 방출이 원자적 성질에만 따른다는 베크렐의 발견을 다시 한번 확인한 것이다.

방사능을 가진 이상한 광물

이어 퀴리 부인은 당시 알려져 있는 모든 원소에 대하여 이런 실험을 해본 결과 토륨(Th, Thorium)이 우라늄과 비슷한 베크렐선을 내는 것을 발견한다. 즉, 자연에서 베크렐선을 내는 물질이 우라늄만이 아닌 것을 알게 되었다는 것을 의미하는데, 여기서 퀴리 부인은 이 현상을 방사능(radioactivity)이라고 부르기로 제안한다. 이어 퀴리 부인은 단순한 우라늄이나 토륨의 화합물을 넘어서 여러 가지 자연 광물을 조사해보는데, 이를 통하여 실제로 우라늄과 토륨을 포함하는 다른 광물들도 방사능을 가진 물질임을 확인하게 된다.

그런데 놀라운 것은 일부의 광물들이 이들에 포함되어 있는 우라늄이나 토륨의 양에 비하여 적어도 수 배 높은 방사능을 보이는 예외가 있다는 것이었다. 이런 성질을 보이는 광물의 하나가 바로 피치블렌드(pitchblend)였다. 퀴리 부인은 피치블렌드라는 우라늄 광이 우라늄 함유량으로부터 예상되는 방사능보다 더 높은 방사능을 보이는 것에 주목하고, 이것은 새로운 방사성 원소가 존재함을 시사한다는 옳은 결론을 내리게 된다. 퀴리 부인은 또 하나의 실험을 통하여 이런 생각을 더욱 확신하게 된다. 캘콜라이트(chalcolite)라는 특수한 우라늄 광물이 땅속에서 막 채취되었을 때 강한 방사능을 띄고 있는 것을 알았다. 그러나 이를 실험실에서 정제해보았을 때 정제된 캘콜라이트는 자연의 광물에 비하여 방사능이 줄어들어 있었다. 이는 자연광물 중에 높은 방사능의 새로운 물질이 있음을 분명히 말해주는 것이었다. 퀴리 부인은 이런 내용을 1898년 4월 12일 과학원에 첫 번째 보고서로 발표하였다. 퀴리 부인은 곧 새로운 방사성 물질을 찾는 작업에 착수하며 남편 피에르에게 힘을 합쳐줄 것을 제의한다. 그리고 이때부터 퀴리 부부는 함께 피치블렌드에 매달려 높은 방사능을 가진 미지의 방사성 물질의 농축작업에 들어가게 되며, 이들의 공동연구는 피에르가 불의의 사고로 세상을 떠나는 1906년 4월까지 계속되었다.

새로운 방사성 물질을 찾아서

새 방사성 물질을 찾아내는 것은 실로 숨바꼭질과 같은 일이었다. 퀴리 부인이 이용할 수 있었던 유일한 방법은 이러한 우라늄 광물을 녹인 후에 표준 광물 분석방법에 따라 분리를 시켜가며 어느 쪽이 보다 더 높은 방사능을 띄고 있는지를 확인해서 이를 추적해나가는 것이었다.

폴로늄(Po, Polonium)은 산 용액 속에서 녹지 않는 황화물 계열에서 찾아낸 물질이다. 시료의 극히 적은 찌꺼기 속에서도 아주 고도로 농축된 강력한 방사성 물질을 확인한 이들은 이 결과를 1898년 7월 공동명의로 과학원에 발표하면서 이를 마리의 조국 폴란드의 이름을 따라 폴로늄이라 명명하였다. 또한 이들은 폴로늄의 방사능이 반감기라고 불리게 되는 일정한 시간이 지나면 자연히 반으로 감소하여 사라져버리는 것도 발견한다. 반감기는 물론 방사성 물질에 따라 다르며 폴로늄의 중요한 동위원소인 Po–210의 반감기는 138일이다.

그런데 또한 바륨(Ba, Barium) 계열에도 방사능이 있는 것을 찾아내게 된다. 바륨계열은 주기율표의 2족에 속하는 칼슘, 스트론튬, 바륨 등의 원소를 말한다. 바륨계열에서 방사능 물질을 분리하는 것이 쉽지 않았으나 결국 분별결정방법을 이용하여 분리에 성공하며 이 원소를 라듐(Ra, Radium)이라고 명명하고 1898년 9월 세 번째 논문에서 이를 발표하였다. 그리고 약 2년 후인 1900년에 퀴리 부부는 상당한 양의 라듐을 손에 넣을 수 있게 되었다. 보통의 바륨은 원자량이 137인데 비해 방사능을 많이 보이는 부분의 시료는 원자량이 이미 174로 높아져 있었다. 그해 파리에서 개최된 국제물리학회에서 퀴리 부부는 “새로운 방사성 물질과 이들이 방출하는 방사선”

이라는 제목 아래 방사능의 검출법, 이들이 분자적인 성질이 아니라 원자적 성질을 가지는 것, 새로운 방사성 원소인 폴로늄, 라듐 그리고 이들의 친구였던 드비에르느(André Debierne)가 발견한 악티늄 등의 광학스펙트럼, 방사선의 효과 등에 대하여 발표하였다. 이들은 아울러 폴로늄이 방사선을 낼 때 열이 함께 방출하는 사실을 보고하였는데, 이것은 당시 물리학자들은 풀 수 없는 의문의 하나였던 이 열이 바로 켈빈 경의 지구 나이 추정 방법의 치명적 결함임을 러더퍼드가 알아차린 것을 앞에서 살펴보았다. 이 회의에서 베크렐 역시 방출되는 방사선을 중심으로 하는 논문을 발표하였다.

방사능 연구의 새 지평을 연 퀴리 부인

퀴리 부인은 방사능 연구를 시작한 뒤 1년 남짓한 사이에 베크렐이 발견한 방사능이 일반적인 현상임을 밝히며, 또한 우라늄보다도 더 강력한 방사능을 가지는 두 원소를 발견하면서 방사능 연구의 새 지평을 연 것이다. 특히 라듐이 우라늄에 비하여 훨씬 강한 방사능을 가진다는 점(약 300만 배)은 매우 중요한 것이었다. 이 발견은 방사성 물질에 대한 학계의 관심을 불러일으켜 새 방사성 원소를 탐구하는 계기를 만들었으며, 이러한 업적으로 1903년 퀴리 부부는 베크렐과 함께 공동으로 노벨 물리학상을

퀴리 부부가 라듐의 분리 실험을 수행하던 파리 시내의 물리 화학학교의 실험실 전경(좌) 및 실험실 내의 퀴리 부인(우)

받았다.

물론 이러한 발견에는 중요한 협력자들이 있었다. 프랑스 화학자 베몽(Gustave Bémont)은 비록 비가 새기도 하고 환기 시설도 갖추지는 못하였지만 퀴리 부부가 일할 수 있는 실험실을 마련하는 데 힘이 되었다. 또한 비엔나의 유명한 지질학자이었던 수스(Eduard Suess) 교수는 1톤이나 되는 피치블렌드 광물의 찌꺼기를 퀴리 부부에게 기증하였다. 이것은 당시의 유일한 우라늄 광산이었던 체코슬로바키아의 요아힘스탈(Joachimstal)에서 산출되는 광물에서 우라늄을 추출하고 남은 찌꺼기였다. 그렇지만 퀴리 부부는 이 속에 새로운 방사성 원소가 있다는 것을 알고 있었던 것이다. 그러나 원자량이 226인 순수한 라듐을 얻기 위하여 퀴리 부인은 1910년까지 긴 시간 동안 많은 노력을 더 들여야 했다.

퀴리 부인이 발견한 폴로늄, 라듐은 대표적인 천연 방사성 원소이다. 우주에서 원소가 만들어질 때 비방사성(非放射性)의 안정동위원소와 더불어 아주 많은 방사성 원소가 형성되어 우주에 존재하고 있었으나, 그중에서 반감기(半減期)가 짧은 것은 모두 붕괴해버리고, 반감기가 긴 것 및 그것이 붕괴하여 생긴 원소들만이 자연계에 남게 된다. 예를 들어 원자번호 81인 탈륨(Tl)에서 92인 우라늄(U)까지 모두가 천연으로 존재하는 방사성 원소이고, 또 칼륨(K), 루비듐(Rb), 사마륨(Sm), 루테튬(Lu) 등도 아주 미약한 방사능을 가지고 있다.

이러한 천연 방사성 원소 이외에 지구에는 대기 중에 있는 탄소 14(C-14 또는 ^{14}C)와 같이 우주선(宇宙線)이 지구로 들어오면서 상층의 대기와 작용하여 만들어내는 방사성 원소들이 있다. 그리고 제2차 세계대전을 종결시키는 데 기여를 한 원자폭탄을 대표적 예로 꼽을 수 있는 것처럼 지난 70여 년간 사람들이 인공적으로 만들어낸 방사성 동위원소[12]들이 있다.

방사성 물질의 양은 방사능 강도, 즉 단위시간에 일어나는 방사성 붕괴의 횟수, 다시 말하면 단위시간 동안 붕괴로 인해 방출되는 방사선의 개수로 나타내는데, 오늘날 방사능의 세기를 표현하는 단위로 방사성의 발견에 기여한 과학자들의 이름을 적절히 사용하여 그들의 업적을 기념하는 것이 자연스러워 보인다. 방사능이

12 동위원소라는 표현은 1921년 노벨 화학상을 수상한 소디(Frederick Soddy, 1877~1956)에 의하여 처음 명명된 용어이다. 원자번호는 같으나, 즉 같은 화학적인 성질을 가진 원소를 구성하고 있는 원자이지만 핵 내의 중성자수가 서로 달라서 결국 질량, 즉 물리적 성질이 다르게 되는 원자들을 서로 구별하여 부르는 용어이다.

라는 용어를 처음으로 제안하였으며 방사능이 가진 일반적인 성질을 규명하는 데 기여한 퀴리 부인을 기념하여 처음에는 퀴리(Ci)라는 단위를 사용하였다. 1퀴리(Ci)는 퀴리 부인이 발견한 새로운 원소 라듐 1 g이 가지고 있는 방사능의 양으로서, 방사성 물질을 다루는 사람들 사이에서는 지금도 이 단위가 계속 사용되고 있다. 그러나 MKS(meter, kilogram, and second)계에서는 베크렐을 기념하여 방사능의 기본 단위로 베크렐(Bq, Becquerel)을 사용한다. 즉 1베크렐은 1초에 한 번 방사성 붕괴를 하여 이로 인해 한 개의 방사선이 방출되는 방사능의 양에 해당한다. 1퀴리는 3.7×10^{10} 베크렐이나 되는 엄청나게 큰 방사능이다.

계속된 방사성 물질 연구

1906년 남편 피에르가 마차 교통사고로 갑자기 세상을 떠난 후, 퀴리 부인은 1904년부터 피에르가 맡아오던 소르본 대학 이학부(理學部) 교수 자리를 잇게 되었다. 이로써 퀴리 부인은 소르본 대학 최초의 여성 교수가 되었다. 이후 단독으로 방사성 물질을 계속 연구하여 1907년 라듐 원자량의 보다 정밀한 측정에 성공하고, 1910년에는 금속 라듐의 분리에도 성공하였다. 그동안 라듐연구소 건립에도 노력하였는데, 이것은 그 후 파스퇴르 실험소와 퀴리실험소가 되었고, 그녀는 퀴리실험소 소장으로서 프랑스의 과학 연구에 공헌하였다. 그리고 1911년에는 라듐과 폴로늄을 발견한 업적으로 노벨 화학상을 받게 된다. 그해는 제1차 솔베이 회의가 열린 해로 퀴리 부인은 그 회의에 참석했던 아인슈타인을 만났으며, 그가 스위스의 취리히 대학에 교수로 취직하려 할 때 추천장을 써주기도 하였다.

방사능이 특히 중요한 것은 이들이 생물학적인 조직에 영향을 미칠 수 있다는 것이다. 이 일을 제일 먼저 피부로 느낀 사람은 베크렐이었다고 전해진다. 베크렐은 퀴리 부부가 분리해준 라듐을 주머니에 넣고 다니다가 이로 인하여 화상을 입은 최초의 사람이기도 했는데. 퀴리 부부 역시 이로 인하여 많은 고통을 받은 것으로 전해진다. 그러나 이 새로운 물질이 종양 등을 억제하는 데 유용할 것이라는 생각이 나오게 되며, 실제로 약 1950년대까지도 라듐은 암을 치료하는 데 사용되기도 하였다.

제1차 세계대전이 일어났을 때에는 야전병원에 꼭 있어야 할 방사선 의료기구가 없는 것에 매우 분개한 퀴리 부인이 개인적으로 X선 장치를 갖춘 의료 봉사대를 조직하여 차를 몰고 전선을 다녔다. 이때 당시 18세의 딸 이렌느(Irene Joliot-Curie)를 조수로 함께 데리고 다녔는데, 이렌느는 나중에 퀴리 부인의 실험실에서 조수로 일하던 졸리오(Frederic Joliot)와 결혼한다.

퀴리 부부는 노벨상 수상으로 인하여 유명해지는데, 1904년 뉴욕

X선 의료장치를 갖춘 차를 직접 운전하여 전선을 다니면서 부상병 치료를 돕던 퀴리 부인

1904년 잡지 'Vanity Fair'에 실린 라듐을 들고 있는 퀴리 부부의 모습

상류사회 잡지의 하나이었던 'Vanity Fair'에 라듐을 들고 있는 이들 부부의 삽화가 실린 것은 이를 말해주고 있다. 그렇지만 퀴리 부인은 저널리스트 또는 일반 대중에 노출되는 것을 지극히 꺼렸다. 이런 퀴리 부인에게도 예외가 있었는데 미국의 여성 저널리스트인 멜로니(W. D. Meloney)와 전후에 가졌던 인터뷰가 그것이었다. 그런데 이 인터뷰는 미국에서 라듐 시료를 제공해주겠다는 약속과 함께 이루어진 것이었다. 이를 계기로 1921년 미국을 방문하게 되는데, 이때 미국의 하딩 대통령은 미국의 부인들이 모금한 자금으로 구입한 라듐을 그녀에게 선물하였다.

퀴리 부인은 라듐의 상업적 이용 가능성을 알고 있었다. 그렇지만 이 분리방법을 특허로 내는 것을 한사코 반대하였다. 이로 인해 오히려 퀴리 부인의 실험실에는 라듐이 별로 많지 않았던 것이 사실이

멜로니(맨 왼쪽)의 초청으로 두 딸과 함께 미국을 방문하였을 때의 퀴리 부인의 모습

며, 이를 미국의 부인들이 도와준 것이었다.

1934년 퀴리 부인은 이미 사경을 헤매고 있었으나 딸 이렌느와 사위 졸리오가 인공 방사능을 발견하였다는 소식을 듣는다. 사실은 이들이 중성자를 최초로 발견할 수 있는 실험을 하였지만, 해석을 바르게 하지 못해 중성자의 발견을 채드윅(James Chadwick)에게 그만 넘겨주게 되었다. 이를 매우 애석해 하고 있던 퀴리 부인은 이 소식을 듣고 "이제 옛날 우리 실험실의 영광을 다시 되찾았다"라고 기뻐하였다고 전해진다. 그리고 같은 달, 백혈병으로 요양 중이던 퀴리 부인은 프랑스 알프스산맥 아래의 한 요양원에서 세상을 떠난다. 그 다음 해인 1935년 졸리오 이렌느 부부는 인공 방사능을 처음으로 발견한 업적으로 노벨 화학상을 수상하였다. 그리고 1995년 4월 20일 퀴리 부인은 사망한 지 61년 만에 남편 피에르 퀴리와 함께 여성으로는 사상 처음으로 역대 위인들이 안장되어 있는 파리 팡테옹 사원으로 이장되었다.

4
방사능
모래시계

4
방사능 모래시계

앞서 언급한 대로 방사능이 발견된 후 이를 지구 나이의 비밀을 밝히는 데 응용할 수 있도록 중요한 역할을 한 과학자로 뉴질랜드 출신의 러더퍼드를 꼽는다. 러더퍼드는 보통 원자핵의 구조를 밝힌 물리학자로 가장 잘 알려져 있다. 그렇지만 러더퍼드는 이 유명한 실험을 수행하기 전에 이미 방사능의 성질을 규명한 공로로 1908년 노벨 화학상을 수상하였으며, 바로 방사능 연구를 통해서 '젊은 지구'를 주장했던 켈빈을 위시한 물리학자들의 지구 나이 추정 방법에 오류가 있음을 처음으로 명확히 지적한 과학자였다.

방사능 연구의 대가, 러더퍼드

1894년 러더퍼드가 23세였을 때 '1851년 런던 박람회 장학금'을 신청하였다. 이 장학금은 빅토리아 여왕의 남편이었던 컨소트 공이 박람회에서 남은 비용으로 장학금으로 사용할 수 있도록 기금을 만든 것이었다. 1등으로 선정되었던 수혜자가 수상을 거절하면서 2등이었던 러더퍼드가 이 장학금으로 뉴질랜드에서 영국으로 가서 연구와 교육을 할 수 있게 된 것인데, 그가 후에 이룬 업적으로 볼 때 너무도 다행스러운 일로 생각된다. 1895년 영국 케임브리지에 도착한 러더퍼드는 캐번디시 연구소(Cavendish Laboratory)에서 젊은 나이로 연구소장을 지내고 있던 톰슨(J. J Thomson, 1856~1940)[13] 밑에서 연구학생이 된다.

영국으로 온 후 러더퍼드는 처음에는 자기학을 연구하였으나. 뢴트겐이 X선을 발견한 이후 그는 톰슨과 함께 X선이 만들어내는 전리작용을 측정하는 연구를 시작하였다. 그러나 방사능이 발견되자

13 전자를 발견한 공로로 1904년 노벨상을 수상한 톰슨(Sir Joseph John Thomson, 1856~1940). 앞서 살펴본 켈빈 경(William Thomson, 1st Baron Kelvin, 1824~1907)과는 다른 사람이다.

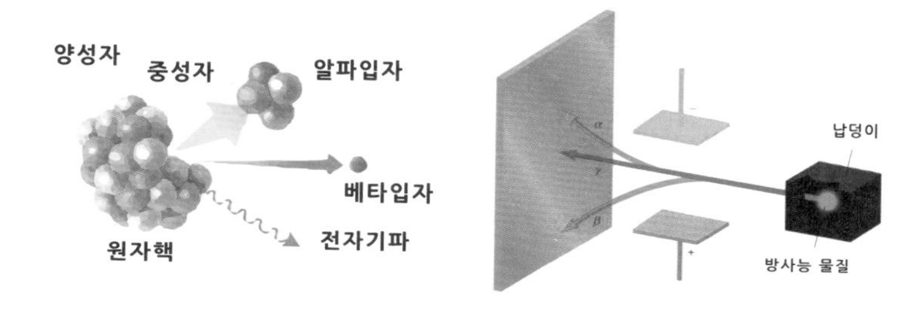

러더퍼드는 방사성 붕괴가 알파, 베타, 감마의 세 종류로 진행되며 알파입자는 바로 헬륨의 원자핵임을 밝혔다.

1897년부터는 우라늄이 만들어내는 전리작용을 측정하는 데 그의 경험을 활용하기 시작하였다. 1898년에 러더퍼드는 방사선에 전기장, 자기장을 걸어 우라늄에서 나오는 방사선이 크게 세 종류로 구별될 수 있음을 알아내었으며, 그는 이들에 각각 α선, β선 그리고 γ선[14]이라는 이름을 붙였다. 이들의 큰 차이는 물질을 통과하는 투과도였다. 그리고 몇 년 안에 β선은 몇 년 전 톰슨이 발견한 전자의 흐름이라는 결론에 도달했다. 그러나 α선은 물질에 잘 흡수되나 자기장에서는 조금밖에 휘지 않았으며 그 비밀을 밝히는 것은 쉽지 않았다.

같은 해인 1898년, 캐나다 맥길(McGill) 대학에서 교수 채용이 있었다. 러더퍼드는 톰슨이 써준 적극적인 추천서와 함께 이 자리에

14 더 강력한 투과력을 가지고 있는 γ선은 프랑스의 빌라르(P. V. Villard)가 발견하였으며, 이것은 X-선과도 동일하다는 것이 알려진다.

응모하여 교수가 되었으며, 그의 연구 무대는 몬트리올로 옮겨지게 된다. 맥길 대학에서의 주 연구대상도 역시 방사성 물질이었다. 이때 얻은 중요한 결과들 중의 하나는 방사성 물질이 세 종류의 방사선뿐만 아니라 방사성 기체도 방출한다[15]는 것이었다. 그러나 더 궁극적인 관심사는 바로 알파선의 본성에 관한 것이었다. 알파선이 기체가 아님을 확인한 러더퍼드는 알파선이 전기장과 자기장하에서 바꾸는 방향을 통해서 전하와 질량의 비를 구하는 데 역점을 두게 되었고, 이를 통해 알파선의 비전하가 전리된 헬륨이온의 비전하 값과 같다는 중요한 결론에 도달한다. 그리고 지구의 나이를 결정하는 데 매우 중요한 기여를 하게 되는 발견은 바로 방사성 물질을 가열하면 헬륨이 나오며 방사성 광물에서도 마찬가지라는 것이었다. 이렇게 1903년과 1904년 사이가 되면 러더퍼드는 알파입자가 헬륨이온이라는 확신을 갖게 되며 이를 증명하는 일만 남게 되었다.

방사능의 마술과 같은 변환

러더퍼드와 같은 물리학자들이 방사능

15 예를 들어 반감기가 1600년 정도 되는 라듐(Ra-226)은 방사능 붕괴를 하여 반감기가 3.8일인 방사성 기체 라돈(Rn-222)으로 변한다.

의 물리적 성질을 연구하는 동안 램지와 같은 화학자들도 방사성 물질의 화학적 성질에 관한 여러 연구를 진행하고 있었다. 그런데 그 결과들은 당시로는 정말 이해하기 힘든 것들이었다. 예를 들어 방사능을 띤 우라늄 용액에 수산화철을 넣고 이를 침전시키면 용액의 방사능이 모두 다 수산화철 침전으로 옮겨가 버리고 우라늄 용액은 전혀 방사능을 띄지 않게 된다. 그러나 시간이 지나면서 침전물의 방사능은 줄어들고 우라늄 용액이 다시 방사능을 띄게 되는 것이다. 사실 이런 현상은 우라늄이 붕괴하면서 새로운 '방사성' 물질을 만들어내면서 나타난 것인데,[16] 러더퍼드와 소디(Frederick Soddy, 1877~1956)가 방사성 물질의 상호 변환이라는 생각을 해내기까지는 이해할 수 없는 신비한 현상이었다.

러더퍼드는 자신이 물리학자임에도 불구하고, 많은 화학자와 함께 연구를 진행하였던 전형적인 그룹 리더였다. 이 맥길 대학에서의 연구 기간 동안 러더퍼드를 도와준 화학자에 소디(Frederick Soddy, 1877~1956), 한(Otto Hahn, 1879~1968) 등이 있다. 영국에서 박사학위를 받은 소디는 일자리를 찾아 캐나다로 갔다가 결국 맥길 대학에서 러더퍼드를 만나게 된 것이다. 이곳에서 소디는 러더퍼드와 방사성 물질의 원소변환에 대해서 연구하며 후일 동위원소의 기원 및 특

16 실제 우라늄이 붕괴하면서 만드는 새로운 방사성 물질은 다시 계속해서 새로운 방사능 물질로 변환되어 최종 안정된 납(Pb)으로까지 이런 방사능 붕괴가 계속되며 이를 방사능붕괴계열이라고 부른다.

성에 관한 연구로 1921년에 노벨 물리학상을 수상하는데, 이는 뒤에서 더 자세히 다루기로 하자.

러더퍼드와 소디는 방사성 원소들의 상호 변환 이외에도 이들 각각의 방사성 물질은 단위시간 동안에 일정한 확률로 붕괴하며(즉, 일정한 반감기를 가지며), 이 확률은 물질 자체에 따라 다른 물질 고유의 성질이라는 것도 알아냈다. 물론 당시는 아직 원자의 구조가 채 밝혀져 있지 않았던 때이므로 이들 방사성 붕괴의 의미가 그리 분명하지 않았지만, 오늘날 우리들은 방사능을 내면서 일어나는 원소들의 방사성 붕괴가 바로 이들이 새로운 원소들로 변환되는 연금술이 이루어지고 있는 현장임을 알고 있다.

러더퍼드와 소디의 생각으로 앞서 이야기했던 마술과 같은 화학적 현상을 해석해보자. 여기서 중요한 것은 우라늄이 새로운 '방사성' 물질 UX를 만들어낸다는 점이다.

이 UX가 용액에서 일단 침전으로 분리되고 나면 더 이상 용액으로부터 공급이 이루어지지 못하므로 자신의 반감기를 따라 방사능이 줄어들 수밖에 없다. 한편 우라늄 용액에서는 계속해서 우라늄이 방사능 물질 UX를 만들어내면서 용액 내에 방사능이 다시 회복된다. 더욱이 이런 붕괴는 하나가 붕괴하면서 하나를 만들어내는 동일 비율의 현상이므로 침전에서의 방사능 감소 모양과 우라늄 용액에서의 증가 모양이 서로 대칭인 모습을 보이며, 시간에 따라 이 둘을

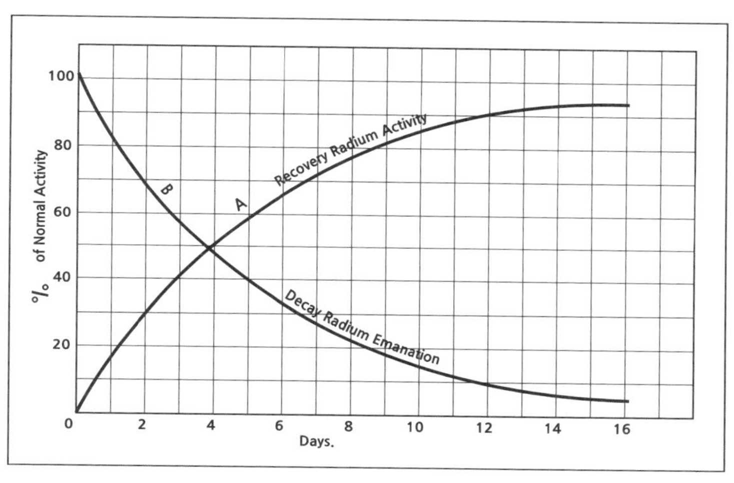

(위) 러더퍼드가 얻은 우라늄(^{228}Th)의 성장/감소 곡선. 우라늄으로부터 추출된 UX(^{224}Ra)의 방사능이 감소하는 모습을 보여준다. 그러나 UX의 추출로 인해 없어졌던 우라늄의 방사능이 다시 증가함을 함께 보여주고 있다. 이 두 곡선은 서로 대칭을 이루며 합하면 상수가 된다.
(옆) 이 곡선이 삽입된 러더퍼드 경의 문장
(출처: A.S. Eve, Rutherford, Cambridge, Cambridge University Press, 1939)

합하면 일정한 값을 가지게 된다.[17]

17 이를 방사능 평형(radioactive equilibrium)이라고 부르며, 방사능붕괴계열이 보여주는 중요한 결과의 하나이다.

러더퍼드가 얻은 우라늄 변화곡선의 예를 그림으로 보였는데, 러더퍼드는 후일 작위를 받으면서 이런 변화곡선을 자신의 문양 속에 그려 넣었다(그림 참조).

맨체스터 대학의 러더퍼드

그러나 캐나다에서의 러더퍼드의 연구 활동은 그리 오래 지속되지 않았다. 그는 1907년 캐나다를 떠나 영국 맨체스터 대학교로 부임한다. 이 대학의 슈스터(Arthur Schuster, 1851~1934) 교수가 정년퇴임하면서 러더퍼드가 자리를 이어주도록 설득했기 때문이다. 그리고 러더퍼드가 연구를 위해서 비엔나 과학원으로부터 350 mg의 라듐을 빌릴 수 있도록 주선해주었다. 그리고 슈스터 교수의 조수이었던 가이거(Hans Geiger, 1882~1945)도 러더

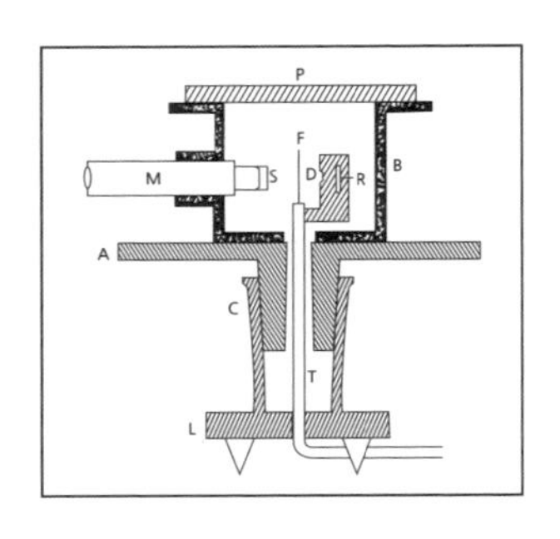

알파입자의 산란을 연구하기 위해서 가이거와 마아스덴이 이용하였던 장치. R은 납 용기 속에 놓인 알파의 입자원이며, 이들 전체가 진공의 용기 B 속에 놓여 있다. 알파입자선이 슬릿을 빠져나가 얇은 금속막 F를 통과한다. 금속막을 빠져나온 산란된 알파입자는 형광막 S에 도달하며 현미경 M을 통하여 이를 볼 수 있다. 현미경 M은 용기 B와 함께 TF 주변을 회전할 수 있게 되어 있다.(출처: *Philosophical Magazine* 25, 604 (1913))

퍼드의 연구진에 참여하게 된다. 이렇게 맨체스터에 정착한 러더퍼드는 여러 중요한 업적을 이루게 되는데 그중의 하나가 바로 분광학적 방법을 이용하여 알파입자가 헬륨의 원자핵이라는 결정적인 사실을 확인한 것이다. 러더퍼드는 이 연구로 1908년 노벨 화학상을 수상한다. 노벨상 수상 강연이었던 "방사능 물질에서 나오는 알파입자의 화학적 본성"에서 그는 알파입자 하나하나씩을 섬광법을 이용해서 계수할 수 있었다고 보고하였다. 알파입자에 쬐인 황화아연에서 나오는 섬광을 현미경을 이용하여 셀 수 있었던 것이다. 이것은 오늘날의 측정법과 동일한 원리이며, 가이거가 중요한 기여를 하였음은 물론이다.

그런데 러더퍼드는 숫자를 세는 것을 넘어 이보다 더 어려운 문제를 연구하고 있었다. 즉 알파입자가 물질 속을 통과할 때 생기는 현상을 밝히는 것이었다. 러더퍼드가 사용한 알파입자는 당시 자연적으로 얻을 수 있는 가속기였다. 러더퍼드는 가이거와 그의 충직한 조수 마아스덴(Sir Ernest Marsden, 1889~1970)과 함께 알파입자를 얇은 금박에 쏘아 보면서 원자 모형을 확인하는 연구를 수행하였는데, 당시 마아스덴은 맨체스터 대학에 입학한 스무살의 초년생이었다. 대부분의 알파입자는 예상대로 그대로 금박을 직선으로 또는 거의 직선으로 통과해나갔다. 그렇지만 약 10,000번에 한 번 정도는 놀랍게도 알파입자가 강력한 반발력을 받으면서 큰 각도로 굽혀져 되 튀어나오는 것이었다. 러더퍼드는 마아스덴에게 되풀이 실험을 통해

이를 확인하도록 하였으며, 몇 주일이 지난 후 러더퍼드는 왜 알파 입자가 큰 각도로 휘는지를 알게 되었다고 발표한다.[18] 러더퍼드는 후일 마치 피스톨을 종이에 쏘았더니 탄환이 되돌아오는 것 같았다고 당시의 놀라움을 표현하였다.

원자핵의 발견

러더퍼드가 베타선의 정체로 밝힌 전자는 그의 지도교수 톰슨이 1897년 발견한 입자이다. 음극선에 전장과 자장을 걸어 이들이 음극선 내의 기체 종류에 무관한 원자 고유의 음전하 입자임을 밝혀낸 중요한 연구였다. 바로 더 이상 깨어질 수 없다는 의미의 원자(a-tom)가 이와는 반대로 더 이상 깨어질 수 있는 tom임을 최초로 밝혀낸 것이다. 그리고 이에 근거하여 그는 건포도가 박혀 있는 푸딩 모양의 원자 모형을 제시한다. 그런데 그 당시 영국에서 잘 받아들여지던 이런 모형으로는 알파입자가 큰 각도로 구부러질 수는 없었다. 푸딩의 중심 부근은 평균적으로 전하가 0이므로 알파입자가 구부러질 수 없기 때문이었다.

18 당시의 이런 상황을 러더퍼드는 1914년 2월 발표한 「원자의 구조」라는 논문(Philosophical Magazine VI, 26, 937)에서 잘 기술하고 있다.

실제 여러 과학자는 추측의 범위를 넘지는 못했지만 원자가 태양계처럼 만들어져 있을 가능성이 있다고 생각했었다. 그런데 러더퍼드의 실험은 바로 이 이론의 실험적 기초를 제공해주었다. 러더퍼드는 텅 비어 있는 공간 가운데 아주 작은 부피 내에 모든 양전기와 질량이 모여 있는 핵이 있고 그 주위를 Z개의 전자가 도는 원자의 모형을 만들어낼 수 있었다.

러더퍼드는 여러 다른 표적을 이용한 실험을 통해 화학적 성질을 나타내는 수 Z가 원소를 정의할 수 있는 기준이 됨을 발견하였

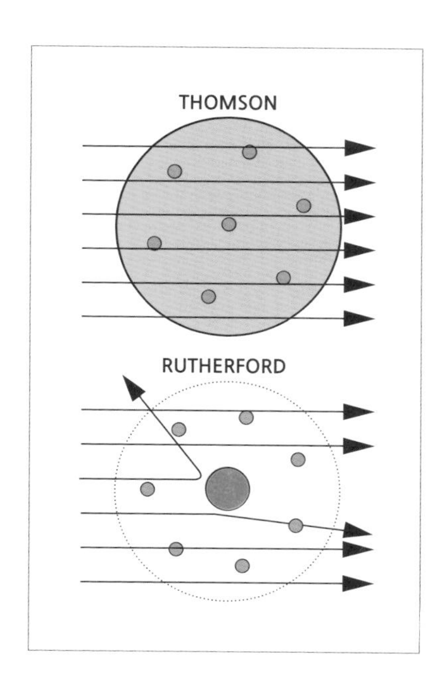

전자를 발견한 톰슨과 원자핵을 발견한 러더포드의 원자 모형을 보여주는 모식도. 러더퍼드는 원자 질량의 대부분을 차지하는 핵이 원자의 중심 아주 작은 공간에 있음을 실험적으로 밝혀냈다.

다. 러시아의 멘델레예프는 1869년경 그의 직관과 함께 원자량 순으로 원소를 배열한 주기율표를 만들었다. 그런데 러더퍼드는 화학 원소를 정의하는 새로운 기준이 될 수 있는 Z를 알아내며, 바로 오늘날 원자번호로 불리는 Z는 이어지는 모즐리(Henry Gwyn-Jeffreys Moseley, 1887~1915)의 X선 실험을 통하여 명확히 정할 수 있게 되었다. X선의 스펙트럼을 측정하는 연구가 원자를 연구하는 데 아주 중요한 기여를 한 것이다.

특성 X선의 파장과 핵의 전하(원자번호)와의 관련성

각 원소들은 이들 고유의 특성 X선을 방출한다. 모즐리는 각 원소들의 특성 X선을 측정하여 각 원소들이 가진 특성 X선의 파장이 원소에 따라 고유하며 이 X선의 파장이 바로 핵의 전하, 즉 오늘날 우리들이 원자번호라고 부르는 핵의 전하와 관계가 있다는 것을 밝혀냈다. 이 결과로부터 모든 원소는 고유의 번호를 가지게 되었고 이렇게 하여 원소들이 주기율표에서 제 위치를 찾아갈 수 있게 된 것이다. 물론 몇 개의 자리가 비어 있다는 것도 알 수 있게 되었는데, 후에 비어 있던 자리를 차지한 원소로 원자번호 72번 하프늄(Hf) 등 네 개의 원소가 있다. 당시까지도 원자량이 주기율표를 만드는 중요한 기준이었으며, 어떤 원소들이 아직 발

모즐리(Henry Gwyn-Jeffreys Moseley, 1887~1915)

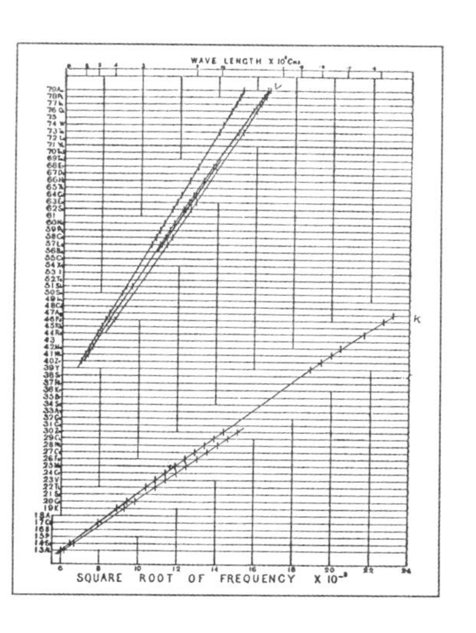

원자번호의 개념을 확립할 수 있었던 모즐리의 X선 실험결과

견을 기다리며 비어 있는지를 아는 것이 결코 쉬운 문제가 아니었다. 이렇게 원자량에 근거하여 주기율표를 만들려던 멘델레예프를 꽤 괴롭혔던 문제들은 20세기에 들어 마침내 모즐리가 원자번호의 개념을 확립하면서 해결된 것이다.

1914년 모즐리는 러더퍼드와 함께 일하던 맨체스터의 일을 그만두고 옥스퍼드로 돌아와 그의 연구를 계속할 계획이었다. 그러나 제1차 세계대전이 발발하면서 영국공병대에 입대한다. 그리고 1915년 다르다넬스 해협의 갈리폴리 전투에 참전하였다가 저격수가 쏜 총탄을 머리에 맞고 사망한다. 영화배우 멜깁슨을 좋아하는 영화애호

가들은 그가 1981년에 출연하였던 영화 '갈리폴리'를 기억하리라 생각하는데, 이 갈리폴리 전투는 제1차 세계대전이 한창이던 1915년 4월 25일, 한편으로는 서부전선의 교착상태를 타개하면서 또 한편으로는 동부전선의 러시아를 도울 수도 있을 것으로 생각한 영국의 윈스턴 처칠이 강력하게 주장하여 시작된 전투였다. 결국 8개월 만에 연합군 14만여 명, 25만여 명의 오토만 터키인의 사상자를 내면서 끝난 갈리폴리 전투 희생자 가운데 한 사람에 모즐리가 포함되어 있었다. 이 안타까운 사건 때문에 그는 노벨상 수상자의 한 사람이 될 수 없었음은 물론이다.

후일 미국의 저명한 과학저술가 아시모프(Isaac Asimov, 1920~1992)는 "그의 죽음은 전쟁 중 인류가 잃은 가장 값비싼 희생이었다"라고 그의 죽음을 애도하였다. 27세의 아까운 나이로 세상을 떠난 모즐리였지만 당시 원자의 구조를 밝히는 데 누구보다도 많은 기여를 한 과학자로 기억된다. 그러나 한편으로는 그의 죽음이 계기가 되어 영국 정부는 더 이상 과학자들을 직접 전투에 참여시키지 않기로 하는 정책을 수립하게 된다.

중성자의 발견

오늘날 우리들은 원자핵이 양성자와

중성자로 되어 있다는 것을 잘 알고 있다. 그러나 중성자가 채드윅에 의하여 발견된 1930년대가 될 때까지 많은 시간을 기다려야 했다. 중성자의 발견 역시 다른 연구와 마찬가지로 단번에 이루어진 것은 아니었다. 1930년 보테(Walther Bothe, 1891~1957)와 베커(Herbert Becker)는 폴로늄(Po-210)에서 방출되는 알파입자를 베릴륨(Be-9)에 쏘면, 입사된 알파선보다 에너지가 더 크며 투과력이 강한 방사선이 나온다는 것을 확인하였다. 그러나 이 반응에서 나오는 방사선에 대하여 더 자세한 연구를 계속하지 못하였다. 베릴륨은 알파입자를 흡수하고 중성자를 잘 방출하는 원자핵으로서 요즈음도 중성자의 발생원으로 많이 사용된다. 베릴륨을 알파선을 방출하는 원소와 함께 두면 베릴륨이 알파입자를 흡수하면서 중성자를 방출하기 때문이다.

1931년 캐빈디쉬 연구소의 채드윅도 이와 같은 실험을 하다가 이 방사선을 2 cm 정도 두께의 납과 금속판에 통과시켜보았다. 놀랍게도 베릴륨과 계측기 사이에 놓여 있던 금속판의 두께에 상관없이 계측기에서는 같은 양의 방사선이 관측되었고 이 방사선의 투과력이 매우 강하다는 것을 확인하였다. 더욱이 이 방사선이 통과하는 길에 파라핀을 놓았을 때 계측기에서 관측되는 방사선의 계수가 현저히 증가하는 사실을 확인하였다. 채드윅은 이들 방사선의 비적을 조사하여 이들이 양성자의 비적과 같다는 것을 확인하고, 베릴륨에서 나온 방사선이 파라핀과 상호작용하여 양성자를 방출한 것이라고 결론을 내렸다. 그리고 베릴륨에서 나온 방사선이 2 cm 정도의 납을 쉽게 통과하는 것으로 보아, 이들은 전하가 없는 중성인 알맹이여야 한다는 결론을 내린 것이다. 이것이 바로 중성자를 발견한 중요한 실험으로 다음과 같은 식으로 표현할 수 있다.

$$^{9}_{4}Be + ^{4}_{2}He \rightarrow ^{12}_{6}C + ^{1}_{0}n$$

그런데 실은 1931년, 이와 비슷한 실험을 퀴리 부인의 사위인 졸리오와 딸 이렌느가 채드윅보다 먼저 수행하였다. 방사선을 수소를 많이 함유하고 있는 파라핀에 통과시키면 아주 큰 에너지를 가진 양성자가 방출되는 것도 확인하였다. 그런데 이들은 이것을 에너지가 아주 큰 감마선으로 생각하여 아깝게도 중성자 발견의 영광을 채드윅에게 넘겨주게 된 것이다.

중성자: 원자의 구성요소

물리학자들은 처음에는 새로 발견된 중성자가 양성자와 전자의 결합체일 것이라고 생각하였다. 그러나 1934년 채드윅과 골드하버가 중수소에 감마선을 쪼여 양성자와 중성자로 갈라내고, 이때 나오는 중성자의 질량을 측정하여 양성자와 전자의 질량의 합보다 크다는 것을 확인함으로써 중성자가 하나의 독립된 입자로 인정받게 된 것이다. 이로써 원자를 구성하는 전자, 양성자 그리고 중성자가 마침내 알려지게 된다.

중성자의 존재는 러더퍼드가 가정했던 원자핵 모형의 문제를 모두 해결해주었다. 중성자가 발견된 다음 해인 1932년 하이젠베르크(Werner Karl Heisenberg, 1901~1976)는 중성자가 핵의 구성요소이며 핵은 양성자와 중성자가 아주 좁은 범위에서만 작용하는 강한 핵력에 의해 결합되어 있다는 이론을 발표하여 자연계 내에 작용하는 새로운 힘, 즉 강한 핵력을 등장시켰다. 중성자는 이렇게 핵 내에서는 매우 안정되지만 핵 밖으로 방출되면 불안정하다. 이후의 연구로 중성자의 반감기는 약 15분 정도이며 붕괴하여 양성자, 전자 그리고 중성미자가 되는 것을 알게 되었다.

같은 양전기를 띈 양성자들이 좁은 공간에 모여 있기 위해서는 이들 사이의 전기적 반발력을 상쇄시켜줄 수 있는 장치가 필요한데 바로 중성자가 이런 역할을 하고 있는 것을 알게 된 것이다. 원자번호가 별로 크지 않은 경우에는 대개 양성자의 개수와 유사한 중성자가 있으면 해결이 가능하다. 그러나 원자번호가 증가할수록 이런 중성자의 노력이 더욱 가중되어 양성자의 개수보다 더욱 많은 중성자를 필요로 하게 된다. 그리고 드디어 원자번호 83의 비스무트(Bi, Bismuth)에 이르면 더 많은 중성자를 가지고도 안정한 핵을 만드는 것이 불가능하여, 모두 방사선을 내며 더 안정된 원자핵으로 가려는 방사능을 가지게 된다.

천연의 모래시계: 방사능

앞서 이야기했던 대로 1904년 러더퍼드가 그의 저서『방사능(Radio-Activity)』에서 밝힌 방사능과 관련한 또 하나의 중요한 사실은 '방사성 원소는 외부 온도나 압력 변화에 상관없이 일정한 속도로 붕괴하며, 또한 이 붕괴 속도는 원래 존재했던 방사성 원소의 원

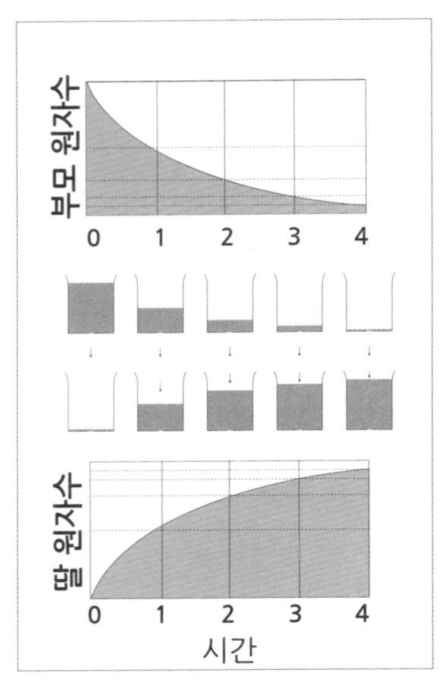

방사능을 이용한 연대측정은 흔히 모래시계로 비유된다. 일단 모래시계를 뒤집어놓으면 그때부터 위 칸에 있던 모래가 아래로 이동하기 시작한다. 이때 모래의 이동속도와 위 칸에서 아래 칸으로 이동한 모래의 양을 알면 시계를 뒤집은 후 경과된 시간을 알 수 있다. 방사성 붕괴 속도와 만들어진 딸 원자수를 측정하면 같은 원리로 방사성 붕괴를 시작한 후(즉 부모원자를 포함하는 암석이 형성된 후) 경과된 시간을 알아낼 수 있다.

자 수에 비례한다는, 즉 방사성 붕괴반응이 반응의 모습으로 보아 '1차 반응'의 형태 dN/dt=λN을 따른다'는 것이었다.

이것은 방사성 붕괴반응이 수학적으로는 지수함수로 표현되며, 바로 이런 성질로 인해서 방사성 원소들은 각각 특유의 반감기를 가지게 된다는 것을 의미한다. 즉, 각 방사성 물질은 그 양이 반으로 줄어드는 데 걸리는 시간이 최초의 양에 상관없이 일정하다는 것이다. 예를 들어 퀴리 부인이 발견한 라듐(Ra-226)은 약 1600년의 반감기를 가진다. 이러한 방사성 붕괴의 특징으로부터 반감기를 아는 한 방사성 원소의 부모(parent) 원자핵과 이들의 방사성 붕괴로 만들어진 딸(daughter) 원자핵의 개수를 측정하면, 이들 자료로부터 얼마나 되는 기간 동안 방사성 붕괴가 일어나고 있었는지를 계산할 수 있게 된다. 방사능은 바로 자연 속에서 절대시간을 알아낼 수 있는 시계를 간직하고 있었던 것이다.

지구에도 존재하는 태양의 원소: 헬륨

러더퍼드는 실제로 어떤 방사성 물질을 이용하여 지구의 나이를 추정하였을까? 이것은 바로 우리들이 잘 아는 우라늄 광물인데, 우라늄(더 정확하게는 우라늄-238)의 반감기는 약 45억 년으로 지구의 나이와 매우 유사한 값이다. 그런데 우라늄이 방사성 붕괴를 하면서 방출하는 알파입자가 바로 헬륨인 것이다. 우라늄 광물이 고온일 때는 물론 헬륨을 포함하는 모든 기체를 다 공기 중으로 잃어버린다.

그러나 일단 광물이 식고 나면 그때부터는 우라늄이 붕괴되면서 방출되는 모든 알파입자(헬륨)는 그 속에 갇히게 되며, 따라서 헬륨은 마지막 고온이었던 때로부터 경과된 시간을 알려줄 수 있게 되는 것이다.

마침 그 당시는 우라늄 광물 속에 헬륨이 존재하고 있음을 처음 발견하고 이런 연구로 1904년 노벨 화학상을 수상하게 되는 램지(William Ramsay, 1852~1916)가 이들 광물 속의 헬륨에 대해 연구를 한창 진행하고 있던 때였다. 본래 헬륨은 1868년 프랑스의 천문학자 장상(Pierre Janssen, 1824~1907)이 인도에서 일식을 관측하던 중 태양으로부터 나오는 매우 밝은 노란빛의 스펙트럼을 관측하고 이를 태양에만 있는 원소로 생각하여 태양의 신 헬리오스(Helios)의 이름을 따 헬륨(helium)으로 명명한 원소이다. 그런데 1895년 미국의 지질학자 힐데브란트 등이 우라늄석(石)을 산(酸)으로 처리하여 미지의 기체(질소로 오인)를 얻었다는 사실을 안 램지는, 그 기체에서 질소를 제거하고 얻은 잔류기체에서 스펙트럼분석을 통해 헬륨을 발견하였다. 램지는 이렇게 헬륨이 지구상의 우라늄 광물 속에도 있다는 것을 발견하고, 우라늄 광물 속의 헬륨 양을 측정하고 있었던 것이다.

러더퍼드는 당시 우라늄 광물 속에 있는 헬륨을 연구하던 램지의 자료를 통하여 램지가 연구하던 우라늄 광물의 연대를 추정할 수 있었으며, 놀랍게도 이들 광물의 절대 연도는 10억 년에서 15억 년의 긴 시간을 보여주었다. 물론 이 값은 지구의 나이가 가져야 할 최솟값이며, 앞서 이야기했던 켈빈의 추정이 잘못되었음을 분명히 보여주고 있다.

'늙은 지구론'의 승리

20세기 초 당대의 거장인 켈빈을 대표로 앞세운 물리학자들이 주장한 '젊은 지구'에 대하여 감히 반대 의견을 내는 것은 엄청나게 힘든 일이었음은 말할 것도 없다. 이때 방사능이라는 새 도구를 가지고 지구의 나이가 길어야 한다는 '늙은 지구'의 편을 드는 러더퍼드가 혜성처럼 나타난 것이다. 러더퍼드가 주목했던 또 하나의 중요한 성질은 이런 과정에서 열이 발생한다는 것이었다. '젊은 지구'론의 중요한 가정, 지구의 에너지원은 지구가 생성될 때 갖고 있던 것이 전부라는 가정이 무너진 것이다. 러더퍼드가 1904년 왕립학술회원 800여 명의 관중 앞에서 강연을 하게

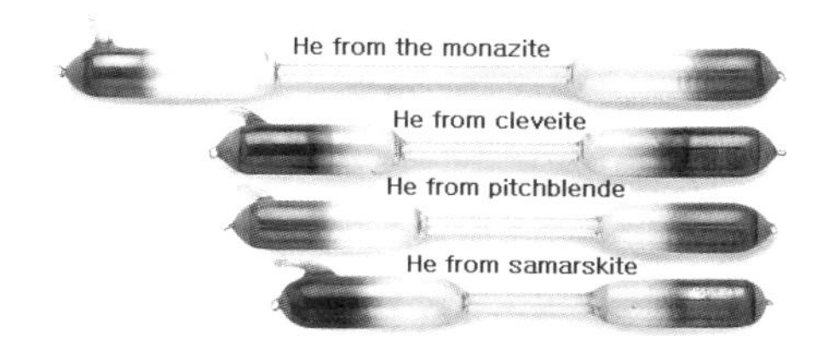

램지가 우라늄 광물에서 추출한 헬륨을 담은 유리관

되었을 때의 이야기를 회고하면서 쓴 글은 이미 앞에서 소개하였다. 물론 러더퍼드의 연구 결과가 처음부터 지질학자들에게 흔쾌히 받아들여진 것은 아니었다.

이와 더불어 비슷한 시기에 '우라늄-헬륨 모래시계' 이외에 연대측정에 이용할 수 있는 또 하나의 가능성이 제시되었는데, 바로 우라늄-납을 이용한 연대추정 방법이었다. 납(Pb)은 자연계에 안정된 원소를 가지는 원소들 중 가장 원자번호가 높다. 1907년 미국 예일대학의 볼트우드(Bertram Borden Boltwood, 1870~1927)는 우라늄의 방사성 붕괴에 수반되는 원소들의 변환에 대해 관심을 갖고 우라늄 광물에 대한 체계적 화학분석을 수행하여 '납'이 특히 많이 존재하는 것을 확인하였다. 이에 '우라늄의 최종 붕괴 산물이 납인 것 같다'는 가설을 세우고 러더퍼드와 상의한 결과 '우라늄-납의 모래시계'를 만들어보기로 한 것이다. 지질학자들의 도움하에 지질학적 시대가 서로 다른 43개의 광물의 연대추정 연구 결과 '우라늄-납 모래시계'의 가정들이 옳다는 것을 확인할 수 있었다. 또한 이들의 연대가 2억~22억 년에 이르는 다양한 값이었지만 물리학자들의 추정 값에 비하여 '지구가 훨씬 더 늙다'라는 것을 분명히 보여주고 있었다. 이어지는 연구를 통하여 지질학자들이 서서히 러더퍼드의 연구 방법을 받아들이게 된 것은 물론이다.

그때부터 방사능의 응용법에 관심을 가진 지질학자들이 나타나기 시작했으며, 이들 가운데 영국 에든버러 대학의 지질학 교수가 된

홈즈(Arthur Holmes, 1890~1965)[19]는 어려운 역경을 극복하고 일생을 우라늄-납 모래시계 연구에 바친 대표적인 지질학자이다. 그리고 그의 노력으로 1926년 미국 국립과학아카데미(National Academy of Sciences)는 방사능 모래시계가 제시하는 시간축(time scale)을 채택하게 되며, 마침내 지구의 나이는 그가 제시한 약 30억 년까지 이르게 되었다. 그러나 지구의 나이가 최종적으로 46억 년으로 밝혀진 것은 1950년대에 와서의 일이며, 특히 여기에는 동위원소라는 새로운 개념을 응용한 방사능의 연구를 필요로 하였다. 다음 장에서 러더퍼드의 맨체스터 시절로 다시 돌아가 이야기를 계속해가기로 하자.

19 지구의 나이를 찾아가는 그의 여정을 소개한 홈즈의 전기가 Cherry Lewis 저, *The Dating Game*, Cambridge, Cambridge University Press, 2000으로 출판되어 있다.

5
방사능
붕괴계열

5
방사능 붕괴계열

실패는 성공의 어머니: 동위원소의 발견

동위원소(isotope)란 1910년 러더퍼드와 함께 방사능 연구를 수행하였던 영국의 소디가 방사선을 방출하는 원소 중에는 화학적인 성질은 같으나 질량이 다른 원소들이 있어야 한다는 것을 발견하고 1913년 이들을 가리키기 위해서 처음으로 제안한 용어이다. 동위라는 것은 동일한 위치, 즉 주기율표에서 같은 위치에 들어간다는 뜻으로 영어 이름인 isotope의 iso는 '같다' 그리고 tope은 '위치'라는 의미를 가진다. 원자번호, 즉 원자핵 속에 있는 양성자 수가 같아서 화학적 성질이 같고 따라서 주기율표상에서도 같은 자리(동위)에 있게 되지만, 핵 내의 중성자 수가 달라 물리적 성질, 즉 질량이 다른 원자들을 가리키는 용어이다.

그런데 실은 러더퍼드가 맨체스터에 부임한 시절 토륨, 라듐 등에서 화학적으로 동일한 성질을 가지지만 전혀 다른 방사성을 내는 원자들이 있다는 것이 서서히 확실해지고 있었다. 앞에서도 러더퍼드와 함께 일을 했던 몇몇 화학자들을 소개하였는데, 이들의 명단에 1912년 러더퍼드를 방문한 헝가리 출신의 드 헤베시(George de Hevesy, 1885~1966)와 오스트리아 파넷트(F. A. Paneth, 1887~1958)가 추가되어야 할 것 같다. 러더퍼드는 이들에게 당시 RaD라는 이름으로 알려져 있던 원소를 납과 분리해보라는 문제를 주었다. 이들은 온갖 방법을 다 동원하여 이를 시도해보았으나 결국 기권하고 말았다. 오늘날로 보면 이유는 너무 간단하다. RaD는 납의 동위원소로 화학적으로 이를 납과 분리하는 것은 불가능했기 때문이다. 그렇지만 이들은 이런 실패를 통해서 추적자(tracer) 기술이라는 아주 중요한 방법을 확립하였고 1943년 드 헤베시는 "동위원소를 추적자로 이용한 화학과정의 연구"라는 업적으로 노벨 화학상을 수상하는 승리를 거둔다. 이후 인공적으로 방사성 원소를 만들 수 있게 되면서 오늘날의 과학의 가장 중요한 기술의 하나를 만들어낸 것이다. 화학적으로는 동일하지만 방사능을 가지고 있기 때문에 이를 추적하면 복잡한 반응이 일어난 후라도 이들의 위치를 추적할 수 있는 가능성을 알게 된 것이다. 즉 방사능이 꼬리표 역할을 하여 다른 방법으로는 도저히 알 수 없는 문제들을 해결할 수 있게 된 것이며 오늘날 의학에서도 아주 중요한 도구로 응용되고 있다.

이런 연구들이 보여주는 중요한 결론은 이미 자연에서 확인된 방사성 원소의 개수가 주기율표에서 채 발견되지 않고 남아 있던 빈칸의 개수보다 훨씬 많았다는 것이며, 소디는 방사성 원소들에서 동위원소의 존재를 인정하지 않을 수 없었던 것이다.

소디가 1913년 동위원소라는 이름을 제안하였을 때, 이런 성질은 방사성 원소들만의 특징이라고 생각하였다. 그러나 이미 톰슨은 1912년 방사성 동위원소가 아닌 원소에서도 동위원소가 존재하고 있음을 발견하고 있었다. 네온가스를 전리시켜 전자를 발견하였던 것과 같은 실험으로 질량과 전하 비를 측정하였을 때 전자를 잃고 이온화된 네온에는 수소 질량 20배의 네온과 22배의 네온 두 종류가 있는 것을 발견한 것이다. 그리고 질량 20배의 네온이 90%, 22배의 네온이 10% 존재하여 당시 이미 네온에 대하여 알려져 있던 원자량 20.2를 설명할 수 있게 되었다. 일부 원소들에 있어서 원자량이 수소 질량의 정수배로 잘 떨어지지 않는 이유를 바로 동위원소의 존재로 이해할 수 있게 된 것이다. 그리고 애스턴(Francis William Aston, 1877~1945)이 톰슨의 방법을 개량하여 동위원소들을 구별할 수 있는 질량분석기를 발명함으로써 동위원소를 이용한 연구에 급속도로 박차를 가하게 되었다. 소디는 이 연구로 1921년 노벨 화학상을, 그리고 애스턴은 이듬해인 1922년 노벨 화학상을 수상하였다. 그리고 수소의 동위원소 중수소를 발견한 연구로 1934년 유레이(Harold C. Urey, 1893~1981)가 노벨 화학상을 받았다.

우라늄 동위원소의 방사성 붕괴계열

이런 연구를 통하여 방사능이 실제로 연금술이 일어나고 있는 현장이며, 자연계에는 우라늄에서 시작해서 납으로 끝나는 방사성 붕괴계열과 토륨에서 납으로 끝나는 방사성 붕괴계열의 두 가지가 존재하는 것 같다는 결론을 내릴 수 있었다. 이런 동위원소 연구를 통하여 우라늄과 납에 대하여 알게 된 중요한 결과를 요약하면 다음과 같다.

- 우라늄에는 우라늄 238(U-238)과 우라늄 235(U-235)의 두 종류의 동위원소가 자연계에 각각 99.27%, 0.72%로 존재한다.
- U-238은 반감기 약 45억 년인 동위원소로 최종적으로 납 206(Pb-206)으로 변환된다.
- U-235는 반감기 약 7억 년의 동위원소로 최종적으로 납 207(Pb-207)로 변환된다.

실은 지구가 탄생하였을 때는 U-238과 U-235가 거의 비슷한 양

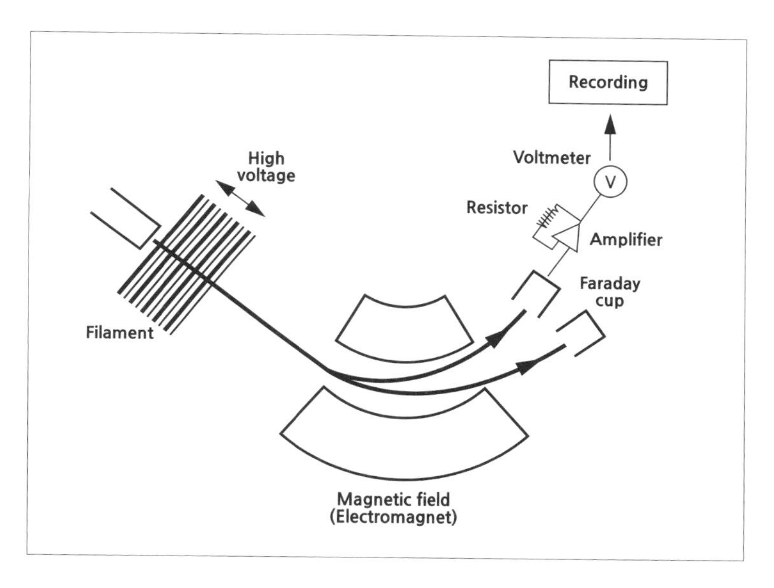

동위원소를 분리하여 측정하는 질량분석기의 모식도. 동위원소들이 전자기장을 통과하면서 분리된 후 각각 파라디 컵이라 부르는 검출기에 모이게 되는데, 그 양을 측정하여 상대적 비율을 알아낼 수 있다.

으로 존재했지만 46억 년이 지나는 동안 지구의 나이에 비하여 반감기가 현저히 짧은 U-235는 빨리 붕괴하여 오늘날의 U-238, U-235의 존재비 99.57:0.72를 나타내고 있음을 알 수 있다.

이로써 U-238/Pb-206, U-235/Pb-207 및 Pb-206/Pb-207을 이용하는 '독립적'인 세 개의 모래시계를 한 시료에 대하여 동시에 적용할 수 있게 된 것이다. 또한 자연계에는 반감기 140억 년의 토륨 232(Th-232)가 붕괴하면서 만들어내는 납 208(Pb-208)도 있으며 이를 이용한 모래시계도 가능하다.

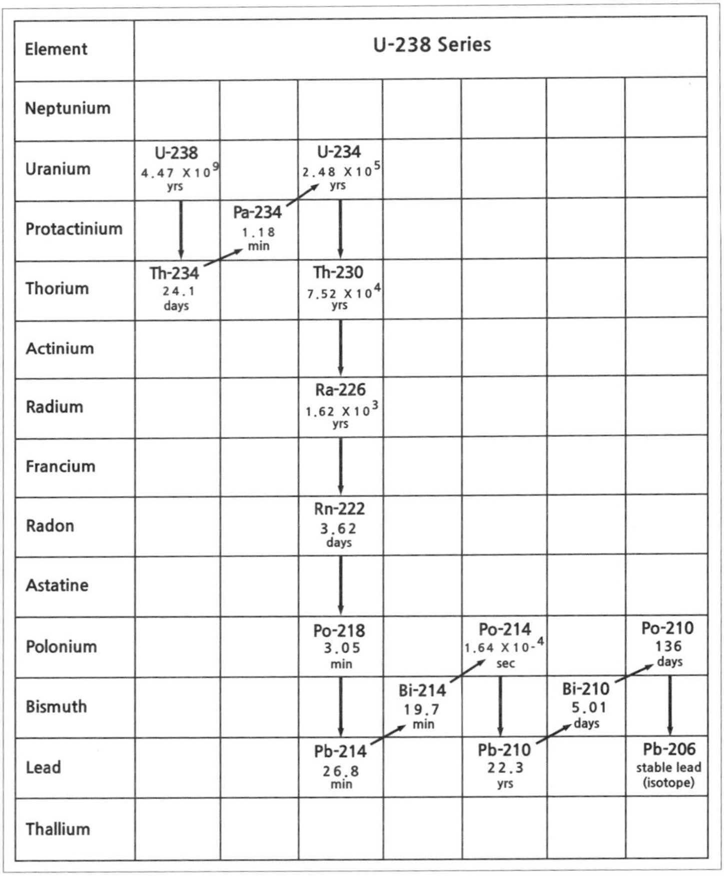

Element	U-238 Series						
Neptunium							
Uranium	U-238 4.47×10^9 yrs		U-234 2.48×10^5 yrs				
Protactinium		Pa-234 1.18 min					
Thorium	Th-234 24.1 days		Th-230 7.52×10^4 yrs				
Actinium							
Radium			Ra-226 1.62×10^3 yrs				
Francium							
Radon			Rn-222 3.62 days				
Astatine							
Polonium			Po-218 3.05 min		Po-214 1.64×10^{-4} sec		Po-210 136 days
Bismuth				Bi-214 19.7 min		Bi-210 5.01 days	
Lead			Pb-214 26.8 min		Pb-210 22.3 yrs		Pb-206 stable lead (isotope)
Thallium							

U-238의 방사성 붕괴계열. U-238이 붕괴를 시작하여 최종으로 더 이상 방사능을 갖지 않는 Pb-206으로 변화될 때 거치는 일련의 방사능 붕괴를 보여준다.
수직으로 내려오는 화살표는 알파붕괴를 표시하며 이를 통하여 원자번호는 2, 질량수는 4가 감소한다. 위로 비스듬히 올라가는 화살표는 베타 붕괴를 표시하며 이를 통하여 원자번호가 1 증가하며 질량수는 변화가 없다. 각 동위원소들 아래의 숫자들은 이들 동위원소의 반감기를 나타낸다.

$$^{238}_{92}U \rightarrow ^{206}_{82}Pb + 8\,^{4}_{2}He + 6\,^{0}_{-1}e(\beta-): \tau = 4.47 \times 10^{9} \text{ year}$$

$$^{235}_{92}U \rightarrow ^{207}_{82}Pb + 7\,^{4}_{2}He + 4\,^{0}_{-1}e(\beta-)(\beta-): \tau = 0.704 \times 10^{9} \text{ year}$$

오늘날은 이들 방사성 동위원소들에 대한 많은 연구를 통해서 우라늄 238, 우라늄 235 및 토륨 232가 여러 단계의 방사성 붕괴를 거치면서 최종적으로 납으로 붕괴해가기까지의 일련의 과정들이 잘 밝혀져 있다. 이런 U-238의 붕괴계열의 중간에 앞서 퀴리 부인이 발견한 반감기 1620년의 Ra-226과 반감기 138일의 Po-210이 들어 있었다.

이렇게 우라늄 납 동위원소 개념이 서서히 밝혀지면서, 1936~1937년 하버드 대학에서 박사후연구원으로 연구를 하던 니어(Alfred Otto Carl Nier, 1911~1994)는 30여 년 전 볼트우드가 시도했던 우라

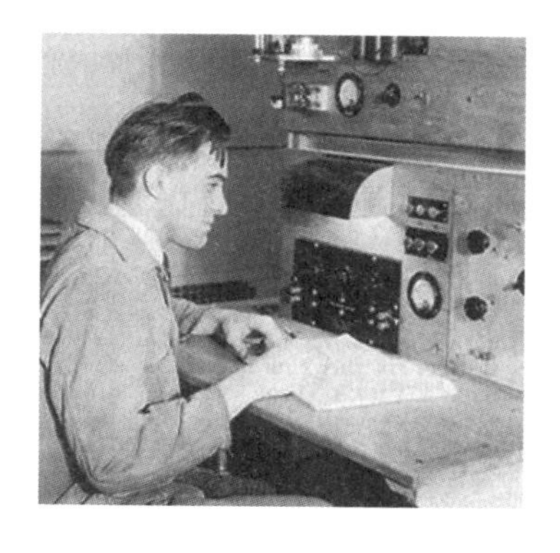

질량분석기 앞에서 기계를 작동하는 니어(Nier)

늄-납의 연대측정 방법에 동위원소 개념을 도입한 새로운 연대측정을 시도해보았다.

여러 우라늄 광물에 대한 우라늄과 납 동위원소 측정을 해본 결과 대부분의 경우 세 독립적인 모래시계들이 고무적으로 같은 결과를 주었으며 가장 오래된 것으로 약 20억 년의 값을 얻을 수 있었다. 지구의 나이가 최소한 20억 년은 되어야 함을 확인한 것이다. 특히 제2차 세계대전이 끝나면서 니어의 방법이 스위스의 하우터만스(Houtermans, 1903~1966) 등 여러 과학자에 의해서 다시 시도되면서 지구의 나이가 약 30억 년 정도에까지 이르렀다. 그러나 그 이상의 진전을 볼 수가 없었다.

제2차 세계대전 후의 새로운 돌파구: 화성암의 나이 측정

1950년대에 이르러 미국 칼텍(Caltech)의 패터슨(Clair Cameron Patterson, 1922~1995)이 작은 양의 납 시료를 가지고도 이들의 동위원소를 정확히 측정할 수 있는 방법을 개발하면서 새롭고 획기적인 돌파구가 마련되었다. 패터슨은 미국 아이오와 대학에서 학사, 석사를 마친 후 전시에는 원자폭탄 개발을 위한 맨해튼 프로젝트(Manhattan Project)에도 참석하였는데, 전후 시카고 대학에 돌아와 브라운(Harrison Scott Brown, 1917~1986) 교수 밑에서 박사학위 과정을 시작한다. 이때 패터슨에게 주어진 과제가 바로 우라늄-납의 동위원소를 측정하여 지구의 나이를 측정하는 것이었다. 클래어의 시료는 우라늄이나 납 광물이 아닌 '일반 암석'에 포함된 지르콘(zircon)이란 광물 속에 들어 있는 미량의 우라늄 및 납의 동위원소비를 측정하여 연대를 측정하는 것이었다.

실은 방사성 동위원소 연대측정법이 발견되기 이전에도 지질학자들은 이미 오랫동안 화석들을 이용하여 이들이 포함되어 있는 퇴적암들 사이의 상대적인 연령을 결정할 수 있었다. 동시대에 살았던 생물들은 동일한 모양의 화석을 남긴다는 원칙을 이용하여, 서로 떨어진 다른 두 곳의 퇴적층의 상대적인 시간관계를 정할 수 있는 원리이다(이에 대하여는 뒤에 자세히 이야기할 예정이다). 그러나 이제는 화석이 없어서 상대적 지질연대측정에는 전혀 이용할 수 없었던 화성암의 절대연령을 측정할 수 있는 방법을 찾아낸 것이다. 용융된 상태의 화강암이 식으면서 그 내부에 지르콘과 같이 우라늄이 많이 함유된 광물이 만들어질 때 여기에는 납이 거의 포함되어 있지 않다. 그러나 시간이 경과되면서 우라늄이 붕괴하면 이 결과로 만들어지는 납의 동위원소들이 광물 내에 축적되며, 따라서 우라늄과 납의 양을 통하여 화강암이 식은 후 경과된 시간을 알아낼 수 있게 된 것이다.

그런데 패터슨은 전혀 의외의 복병을 만나게 된다. 우라늄은 그의 동료가 측정을 하고 패터슨은 납의 동위원소를 측정하는 일을 맡

았었는데, 납의 농도가 상상하기 힘든 정도로 높게 관측되는 것이었다.[20] 이는 사람들이 공기 중으로 엄청난 양의 납을 방출하면서 납에 오염된 공기가 다시 패터슨의 시료를 오염시켰기 때문이었다. 이러한 이유로 1952년 브라운 교수가 칼텍으로 자리를 옮길 때 그와 함께 칼텍으로 자리를 옮겨 박사후과정의 연구를 계속하게 된 패터슨이 우선적으로 만든 것은 바로 이런 오염을 방지할 수 있는 청정실험실이었다.

그러나 이런 획기적인 암석연대측정 방법으로도 지구의 나이를 알아내기 위해서는 몇 가지 극복해야 할 장벽이 있었다.

마지막 장애물: 태양계의 원시조성 문제

우선 첫 번째 질문은 지구가 태어날 때 만들어진 화성암이 동적인 지구에서 지금까지 지상에 그대로 남아 있을까 하는 것이다. 그러나 이보다 더 근본적이고 심각한 문제가 있었다. 자연계는 우라늄과 토륨의 방사성 붕괴로 만들어지는 여러

20 여기에는 유연휘발유(Leaded Gasoline)라고 하는 공해물질이 관련되어 있다. 자동차의 녹킹을 방지하려는 목적으로 휘발유에 첨가하였던 납화합물(Tetraethyl lead, TEL)이 공기 중으로 배출되면서 공기를 납으로 오염시킨 것이다. 오늘날은 물론 유연휘발유를 더 이상 사용하지 못하며, 이와 관련된 이야기를 더 알고 싶은 독자들은 『거의 모든 것의 역사』(빌 브라이슨 저, 이덕환 역, 까치)의 10장 "납의 탈출"을 읽기를 권한다.

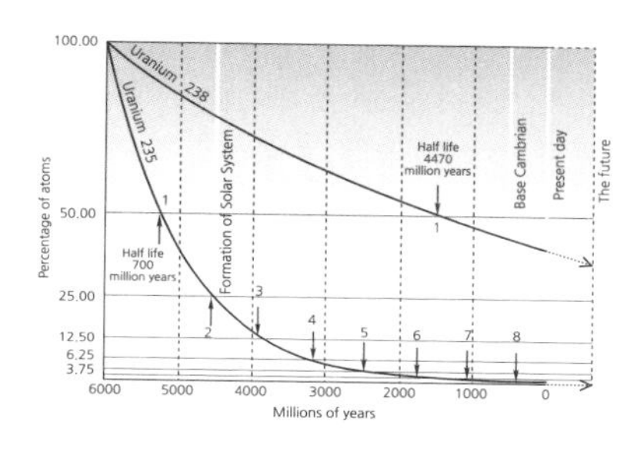

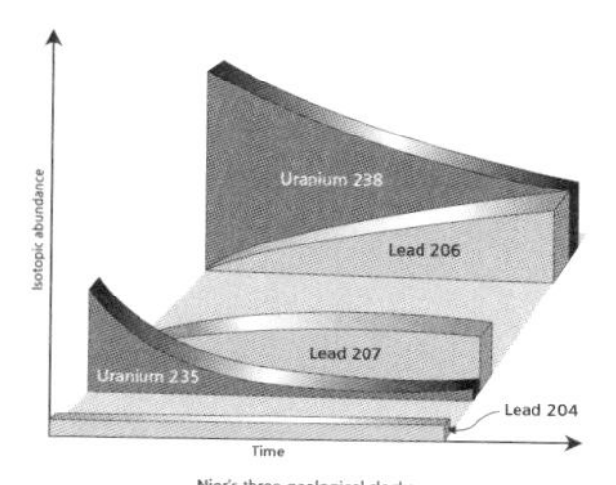

Nier's three geological clocks.
Clock I, uranium 238 → lead 206, Clock 2, uranium 235 → lead 207,
Clock 3, the growth of lead 206 and 207, relative to 204.

시간이 경과함에 따라 우라늄 동위원소 235와 238이 붕괴하고 이로 인해 납 동위원소 207과 206이 각각 형성되는 모습을 보여주는 그림. 우라늄 235의 반감기(7억 년)가 우라늄 238의 반감기(45억 년)보다 훨씬 짧아서 더 빨리 붕괴하면서 납 207을 먼저 생성하는 모습을 볼 수 있다.

납 동위원소(Pb-206 , Pb-207, 및 Pb-208) 이외에도 이와 상관없이 태양계가 태어날 당초에 존재하였으며 지금까지 그대로 남아 있는 납 204(Pb-204)가 존재하고 있는 것이 알려진 것이다. 당연히 제시되는 질문은 그러면 지구가 탄생될 당시에 Pb-206, Pb-207 및 Pb-208도 마찬가지로 어느 정도 존재하지 않았을까 하는 것이었다. 바로 원시조성(primordial component) 문제이다. 이런 납의 원시조성을 정확히 알지 못하면 앞서 논의하였던 여러 동위원소 모래시계는 근본적으로 문제를 안게 된다. 과학자들이 측정하는 납의 동위원소들은 원시조성과 방사성 붕괴에 의해 만들어진 성분을 모두 합한 값이지만, 모래시계는 단지 방사성 붕괴에 의한 납의 동위원소들과 부모 동위원소들 사이의 양적 관계를 다루고 있기 때문이다.

이와 같은 "원시조성"이라는 난제에 부딪혀 있을 때 돌파구를 여는 중요한 열쇠가 있음을 지적한 사람이 시카고 대학 교수 유리(Harold Clayton Urey, 1893~1981)였다. 1893년 미국 인디애나주에서 태어난 유리는 1981년 87세의 나이로 세상을 떠나기까지 특히 지구과학의 많은 분야에 큰 영향을 끼친 과학자이다. 그에게 노벨상을 안겨준 중수소(deuterium)의 발견을 위시하여 동위원소 화학, 동위원소의 분리, 동위원소 지질학 및 우주화학 등의 연구는 새로운 학문의 분야를 열어준 중요한 연구이었다. 유리가 결정적인 단서를 제공할 것으로 패터슨에게 제시한 해결책은 바로 외계에서 온 손님, 운석이었다. 운석이란 어떤 것이기에 원시조성의 문제를 극복할 수 있는 것일까?

6
외계에서 온 손님: 운석

6
외계에서 온 손님: 운석

2014년 3월 우리나라 신문은 온통 운석 기사로 떠들썩했다. “진주운석”이라 명명된 운석 때문이었다. 3월 9일 오후 8시경 전국 각지에서 여러 사람이 커다란 불덩어리가 하늘을 가로질러 떨어지는 것을 목격했다. 그 이튿날인 10일 경남 진주에 있는 비닐하우스 농장에서는 약 10 kg 무게의, 표면이 검은 이상한 돌이 발견되었다. 두 번째로 약 4 kg 무게의 돌이 발견되었고, 이어서 세 번째로 420 g, 네 번째로 무게 20 kg의 가장 큰 돌이 발견되었다. 이 돌들은 극지연구소와 서울대학교 사범대학의 운석연구실로 보내졌고, 조사 결과 이들이 모두 운석임이 밝혀졌다.

우리나라에 떨어진 두원운석

우리나라에 떨어진 운석은 그동안 모두 네 건이 보고되었는데, 모두 일제 강점기에 발견된 것으로, 이 중에서 현재 유일하게 그 소재가 파악되어 있는 운석은 "두원운석"이라 명명된 운석뿐이다. 1943년 11월 23일 전라남도 고흥군 두원면 성두리의 작은 언덕 가에서 귀를 울리는 폭발음이 들렸다. 당시 13세의 소년이었던 송규현이 이 소리를 듣고 소리가 난 곳으로 달려가 숲속에서 무게가 약 2.1 kg이나 되며 어른 주먹 두 개 정도 크기의 가로 13 cm, 세로 9.5 cm, 높이 6.5 cm의 검게 그을린 것처럼 보이는 돌 하나를 발견하였다. 하늘에서 떨어진 것으로 여겨진 이 돌은 당시 두언초등학교의 일본인 교장 아다찌가 보관을 하고 있다가 일본으로 돌아갈 때 가지고 갔고, 후에 이를 연구한 일본인 과학자들이 운석이 떨어진 곳의 이름을 따서 "두원운석"이라고 명명한 것이다.

현재 이 두원운석은 대전에 있는 한국지질자원연구소에 보관되어 있다. 이 운석이 일본에서 우리나라로 되돌아오기까지는 서울대학교 사범대학 지구과학교육과에 근무하시던 이민성 교수의 숨은 노력이 있었다. 이 두원운석이 일본의 한 박물관에 보관되어 있음을

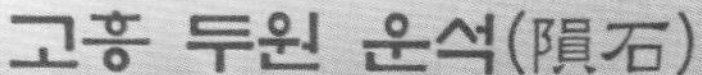

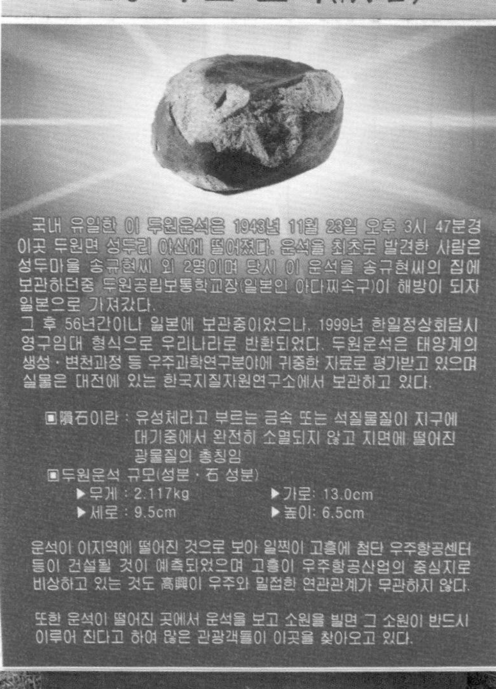

고흥에 세워져 있는 두원운석 안내 표지

확인한 후 많은 노력을 기울여, 마침내 1999년 김대중 대통령의 일본 방문을 계기로 한국의 문화재들이 반환되면서 이 중에 두원운석이 포함된 것이다.

운석은 어떻게 만들어지는가?

운석이 만들어지는 과정은 실은 지구가 탄생하는 과정과 크게 다르지 않다. 우리가 살펴보려고 하는 운석 그리고 지구, 더 정확하게 말하면 태양계의 탄생은 약 46억 년 전 은하계의 한 곳, 즉 오늘날 태양계가 있는 자리에 희박하게 퍼져 있던 가스와 먼지가 모여들면서 시작된 것이다. 태양계가 만들어진 과정에 대한 생각은 일찍이 칸트(Immanuel Kant, 1724~1804), 라플라스(Pierre-Simon, marquis de Laplace, 1749~1804)부터 시작하여 20세기에 와서는 구소련의 슈미트(O. Y. Schmidt)와 그 제자들의 점진결착이론, 달 탐사 이후 미국의 유리와 그의 제자들이 원시 태양계 성운의 응결이론을 발전시키면서 행성형성 시나리오의 큰 틀이 만들어진다.

우주 공간의 가스와 먼지의 집합체를 성운(星雲, nebula)이라고 부르는데, 일정 질량 이상으로 모이게 되면 성운은 그 자체의 중력을 이기지 못하고 중심을 향해 수축하게 된다. 이렇게 수축을 시작하는 성운은 처음은 매우 천천히 회전하지만, 그 부피가 줄어들면서 회전축을 중심으로 점점 빠르게 회전하기 시작한다. 이것은 두 팔을 벌리고 천천히 우아하게 회전하던 피겨 스케이트 선수가 두 팔을 오므리면서 팽이처럼 빠르게 회전하는 것과 같은 원리이다. 이렇게 빠르게 회전을 시작한 성운은 회전축에 수직한 원반 모양으로 그 모습이 바뀐다. 이렇게 생성된 원시 태양계 성운 가운데 밀도가 가장 높은 원반의 중심에 마침내 새로운 별이 탄생하게 되는데, 이렇게 원시 태양이 만들어졌고 그 주위에 이를 둘러싼 가스와 먼지로 이루어진 원반 모양의 태양계 성운이 만들어졌다. 성운이 점점 더 수축하면서 온도와 압력이 높아지게 되며 오늘날 수성, 금성, 지구 그리고 화성이 있는 곳에서는 적어도 1000 ℃ 이상, 아마도 2000 ℃ 가까이 온도가 올라가게 되었을 것이다. 그렇다면 이때에 어떤 일들이 일어날까?

태양계 성운의 밀도는 원반면의 경우도 대략 0.0001기압에서 0.000001기압 정도로 낮았을 것으로 생각된다. 바로 이런 낮은 밀도에서는 성운에 포함된 고체 먼지들이 온도 상승과 함께 액체를 거치지 않고 바로 기체로 증발되는 현상이 일어나게 된다. 오늘날 상압에서도 고체 상태의 이산화탄소(dry ice)가 바로 기체 상태의 탄산가스로 변하는 것을 볼 수 있는데, 만일 압력이 매우 낮다면 거의 대부분의 물질이 온도가 올라갈 때 고체에서 기체로 바로 변할 수 있게 되는 것이다.

수축을 거의 멈춘 후 태양계 성운의 온도는 내려가기 시작하며,

이때는 앞의 경우와는 반대로 기체에서 고체 알갱이, 즉 먼지로 다시 변하게 된다. 고체에서 기체 혹은 반대로 기체에서 고체로 바뀌는 온도는 원소에 따라 달라지는데, 칼슘이나 알루미늄 등은 1400 ℃ 이상의 비교적 높은 온도에서, 철, 규소, 마그네슘 등은 1100 ℃ 정도의 조금 더 낮은 온도에서, 그리고 칼륨, 나트륨 등은 더 낮은 온도에서 이런 상변화가 일어난다. 물론 수소, 헬륨 등은 아주 낮은 온도에서도 대부분 기체로 남아 있게 되며, 산소나 탄소와 같은 원소들의 경우, 일부는 고체 상태의 광물 속에 포함되기도 하고 일부는 기체로 남아 있을 수도 있다. 이렇게 고체로 만들어지는 먼지들이 결국 행성을 만드는 재료가 되는 것이다.

우주 공간 내에서 먼지의 밀도가 어느 정도 이상으로 높아지면 작은 먼지들이 약한 전기적인 힘에 의해 서로 끌리면서 달라붙어 수 밀리미터에서 수 센티미터 크기의 먼지 덩이를 형성할 수 있다. 이런 먼지 덩이들이 태양 주위를 빠르게 회전하면서 서로 충돌하기 시작하며 이로 인해 먼지 덩이들이 더 큰 덩이로 자라날 수 있다. 충돌에 의해서 먼지 덩이들이 부서질 수도 있지만 충돌에 의해서 먼지 덩이가 진행하는 방향으로 튀어나간 파편의 일부는 다시 돌아와 더 큰 덩어리를 만들 수도 있다. 그리고 일부 크게 성장한 먼지 덩어리는 반복되는 충돌을 통하여 점점 단단하게 다져진 암석 덩어리로 자라면서 서서히 주위 물체들을 끌어당길 수 있을 정도의 중력을 가지게 된다. 이렇게 되면 빠른 속도로 주위의 먼지와 작은 입자들을 끌어당겨 점점 더 큰 암석 덩어리로 성장하기 시작한다.

실은 이런 방법들로 암석 덩어리가 점점 모여 크게 자라서 수성, 목성, 지구, 화성과 같은 행성이 되었으며, 아직 채 크게 뭉쳐지지 못한 작은 덩어리들은 소행성이 된 것이다. 화성과 목성 사이에 있는 소행성대의 경우는 태양계의 바깥쪽에 위치한 거대한 목성의 중력이 이들 소행성을 큰 행성으로 성장하는 것을 방해하여 큰 행성을 만들지 못하고 많은 소행성을 만들면서 성장을 멈춘 것으로 생각된다. 우리가 이 책에서 찾아가려는 것이 바로 이런 일이 일어났던 그 시기를 알려고 하는 것이다.

지구의 몸무게는 점점 늘어나고 있다

지구권 밖에 있다가 지구 중력에 끌려 들어와 낙하하면서 발견된 암석인 운석은 지구상에서 현재 약 23,000개 이상이 되며, 앞서 살펴본 진주운석 같이 지금도 그 수가 계속 증가하고 있다.

우리 지구는 약 45억 6천만 년 전 탄생한 반지름 6,370 km, 질량 약 6×10^{24} kg[21]의 행성이다. 그런데 실은 지구는 지금도 몸체를 늘

21 아보가드로 수 6×10^{23}의 10배 정도의 값이다.

려가고 있으며, 매년 약 4천만 kg씩 몸무게가 늘어나고 있다. 바로 그 이유가 우리가 지금 살펴보고 있는 외계에서 온 손님, 운석 때문이다. 오늘날 지구로 들어오는 외계의 물질은 매우 크기가 작은 먼지들이 대부분이다.

지구가 처음 만들어질 당시 지구로 들어오는 물질은 오늘날의 연 4만 톤에 비하면 훨씬 빨랐을 것으로 추측된다.[22] 과학자들은 실제로 현재 지구의 크기가 대부분 초기 1억 년 사이에 성장했을 것으로 생각하고 있다. 그렇지만 그 이후 4억 년 동안에도 수없이 많은 크고 작은 암석 덩이들이 지구로 들어와 표면에 부딪히면서 지표면을 용융 상태로 만들었을 것으로 보인다. 이런 지구 생성 초기 수억 년의 시기를 하데안(Hadean, 지옥의 시대)이라고 부르는데, 이 시기에 생성된 것으로 보이는 암석은 지구상에서 발견되지 않고 있다.

직경이 1밀리미터 정도의 작은 먼지 알갱이들은 매 1분에 두세 개 정도 들어오며 물론 이보다 작은 입자는 더 많은 수가 지구로 들어온다. 직경 1 m 정도 크기의 암석은 1년에 하나 정도로 지구에 유입되며, 직경 10 km 정도의 지구 생명계에 엄청난 위협이 될 수 있는 소행성은 대개 1억 년에 한 번 정도씩 지구를 찾아와 지구에 충돌하는 것으로 알려져 있다.

22 만약 오늘날 유입되는 속도로 지구가 자라났다면, 오늘날의 지구로 성장하는 데 무려 1.5×10^{17}년이 걸린다.

약 6500만 년 전 직경이 최대 15 km 정도가 되는 엄청난 크기의 운석이 지구와 충돌하면서 지구를 아비규환의 상태로 만들었다. 멕시코 남부 유카탄반도에 있는 칙슬루브(Chicxulub)라는 지역에 떨어진 운석의 증거가 지구 곳곳에 간직되어 있어서 이런 거대한 충돌이 있었음을 알려주고 있다. 이 충돌로 당시 지상을 지배하던 거대 파충류들이 종말을 고하게 되고, 이 파충류 시대인 중생대가 끝나고 포유류의 시대인 신생대가 시작된 것은 지구 역사를 통하여 이런 파국적 충돌이 일어날 수 있음을 보여주는 대표적인 예이다. 지금도 NASA에서 지구에 접근하는 운석을 면밀히 관측하여 알려주는 것은 이런 충돌에 대비하려는 과학적 노력이라고 볼 수 있다.

태평양에서 채취된 해저퇴적물시추시료 중에서 약 6500만 전 퇴적된 것으로 여겨지는 퇴적물을 체질하여 찾아낸 당시 충돌운석의 파편들

구성물질에 따른 운석의 종류

운석은 구성물질에 따라 크게 세 종류로 구분할 수 있다.

첫 번째는 거의 금속 철(+니켈) 성분으로만 이루어진 운석으로 이를 철운석(iron meteorite)이라 부른다. 실제로 지구상에서 금속 철이 자연적으로 산출되는 경우는 거의 없다. 철의 대부분이 핵으로 내려갔고 또한 맨틀이나 지각에 남아 있는 철도 산소와 결합한 형태로 나타나지 금속철로 산출되지 않기 때문이다. 따라서 철운석은 지구상의 암석과 쉽게 구별될 수 있는 운석이다. 황금 데스마스크로 유명한 이집트의 투탕카멘(재위 B.C. 1361~B.C. 1352)의 무덤에서 미라화된 투탕카멘의 다리 옆에 놓여 있는 단검이 발견되었는데, 최근 이 단검도 바로 운석(철운석)으로 만들어진 것으로 밝혀졌다. 물론 이런 운석단검은 투탕카멘 같은 높은 신분의 사람들만이 소유할 수 있었을 것임은 물론이다.

철운석을 가공해서 만든 것으로 확인된, 투탕카멘의 무덤에서 발견된 단검

아프리카 나미비아에서 발견된 호바(Hoba)라는 철운석이며, 지금까지 지구상에서 발견된 운석 중 가장 큰 것으로 질량이 약 60톤으로 추정된다.

두 번째 종류는 지구상에서 흔히 볼 수 있는 암석과 유사한 광물 조성, 즉 규산염 광물로 이루어진 운석으로 이를 석질운석(stony meteorite)이라고 부른다. 그리고 마지막으로는 금속 철 성분과 규산염 광물이 대략 반반씩 섞여 있는 운석으로 석철질운석(stony-iron meteorite)이라고 부른다. 이런 운석 역시 지구상에서는 발견할 수 없는 광물들의 조합이므로 쉽게 구별이 될 수 있는 운석이다. 지금까지 확인된 운석들의 대부분은 석질운석으로 95.6%를 차지하며, 철운석이 약 3.8% 그리고 석철질운석이 나머지 약 0.5%를 차지한다.

이렇게 운석을 철운석, 석질운석, 석철질운석으로 구분하는 방법은 물론 분류가 용이하기는 하다. 그러나 이런 분류방법으로는 운석이 만들어진 원인, 그리고 진화과정을 연구하기에는 편리하지가 않다. 그래서 운석학자들은 보다 전문적인 방법으로 운석을 분류하여 연구하고 있다.

운석학자들은 운석을 크게 분화운석(differentiated meteorite)과 시원운석(primitive meteorite)으로 구분한다. 여기서 분화란 지구가 탄생 초기에 녹아서 지각, 맨틀, 핵 등으로 분화한 것과 마찬가지의 과정을 생각하면 된다. 운석을 이렇게 구분하는 중요한 이유의 하나는 이들 운석이 기록해 간직하고 있는 태양계 탄생에 관한 정보가 다르기 때문이다. 즉 태양계 성운에서 생성된 물질들이 모인 후 그 조성이 크게 변하지 않은 시원운석의 경우는 기체 성분을 제외한 태양계의 평균 조성을 그대로 간직하고 있으며, 태양계 탄생 초기 성운에서 일어났던 여러 현상이 잘 보존되어 있는 경우가 많다.[23] 따라서 태양계의 기원에 관한 연구를 하려고 할 때는 당연히 시원운석이 적절한 연구의 대상이 되는 운석이다.

두원운석이 속해 있는 시원운석은 콘드라이트(chondrite)라고도 불리는데, 실제 콘드라이트라는 용어가 더 널리 통용되고 있다. 콘드라이트의 어원은 이들 운석 대부분이 콘드률(condrule)이라 불리는 작은 구형의 암석 구슬을 다량으로 포함하고 있기 때문이다. 콘드률은 일반적으로 직경 0.1 mm에서 1 cm 정도의 작은 암석 구슬로서 우주 공간에서 작은 먼지 덩어리가 녹은 후 빠르게 식으면서 만들어진 것이다.

23 분화운석은 태양계 형성에 관한 정보를 분화과정을 통해 잃어버리며, 따라서 이런 운석은 오히려 행성들의 진화과정을 연구하는 데 적합하다. 예를 들어 분화운석에 해당하는 철운석의 대부분은 분화된 소행성의 핵에서 유래된 운석인 것이다. 작은 규모의 소행성이 충돌에 의해서 부서질 때 핵이 노출될 수 있으며 이런 물질들이 지구로 온 것이 철운석이며, 따라서 영원히 직접 시료 채취가 불가능한 지구 내부의 핵을 연구할 수 있는 소중한 자료가 된다.

콘드라이트 운석에 들어 있는 콘드룰들

운석은 대부분 소행성대에서 왔다

지구상에서 발견된 운석들은 지구와 달 및 화성에서 온 것으로 알려진 40여 개를 제외하면 모두 화성과 목성 궤도 사이에 존재하는 소행성대에서 기원된 것으로 알려져 있다.

일찍이 피타고라스(B.C 582~B.C. 497)는 모든 자연현상 뒤에는 수의 조화가 감추어져 있다고 생각했으며, 자연을 이해하기 위해서는 자연현상 뒤에 숨어 있는 수의 조화를 알아내야 한다고 생각했다. 피타고라스와 비슷하게 이런 생각을 가졌던 많은 과학자는 자연현상 속에서 수의 조화 또는 수의 법칙을 찾아내려고 노력했다. 태양에서부터 행성까지의 거리에 어떤 규칙이 있는 것은 아닐까?

1715년 데이빗 그레고리는 『천문학 원론』을 출판하면서 태양에서부터 지구까지의 거리를 10이라고 할 때 태양에서 수성까지의 거리는 4, 금성까지의 거리는 7, 화성은 15, 목성까지는 52, 그리고 토성까지의 거리는 95라고 주장하였다. 1766년 티티우스(Johann Daniel Titius, 1729~1796)는 찰스 보네의 책을 번역하면서 태양에서 토성까지의 거리를 100으로 했을 때 금성은 7, 지구는 10, 화성은 16, 그리고 목성은 52의 위치에 있는데, 28이 되는 지점에 있어야 할 행성이 빠져 있다는 주석을 달아 놓았으며, 신이 빈 공간을 남겨두었을 리가 없다고 말했다.

이어 1768년에 당시 열아홉 살이던 보데(Johann Elert Bode 1747~1826)가 그의 책에 티티우스가 주장했던 것과 같은 내용의 글을 실었는데,[24] 이 숫자들은 $a=4+3\times2^n$으로 나타나는 수열을 이루는 것을 보여주었다. 이 법칙이 발표되었을 당시 알려져 있던 행성들의 거리는 n이 3인 곳에 있어야 할 행성이 없다는 것을 제외하면 이 식에 잘 들어맞았다.[25] 단지 이미 알려진 숫자들을 이용해 만들어낸 수열이라는 생각 때문에 1781년에 천왕성이 발견될 때까지 사람들은 이 법칙에 별다른 관심을 보이지 않았다. 그러나 천왕성이 발견된 후 천왕성까지의 거리가 n이 6인 지점에 해당된다는 것이 알려지면

24 처음에 그는 이 글의 원전을 밝히지 않았지만 후에 출판한 책에서는 그것을 티티우스의 글에서 인용한 것이라고 밝혔다.

25 수성, n= ∞; 금성, n=0; 지구, n=1, 화성, n=2; 목성, n=4; 토성, n=5.

행성	수성	금성	지구	화성	소행성대	목성	토성	천왕성	해왕성
n	−∞	0	1	2	3	4	5	6	7
보데의 법칙	4	7	10	16	28	52	100	196	388
실제 거리	3.9	7.2	10	15.2	–	52	95.4	192	300

서 보데의 법칙은 주목을 받게 되었다.[26] 보데는 n이 3인 지점에서 행성을 찾아볼 것을 촉구했고, 바로 그 지점에서 1801년에 소행성 세레스가 발견되었다. 보데의 법칙에서 n=3인 지점이 바로 소행성대이다.

운석을 연구하는 과학자들은 소행성을 이루고 있는 물질들이 어떤 것들인지를 알아내는 방법을 가지고 있다. 앞서 소개한 태양의 대기를 관측하여 태양을 이루는 원소들을 알아낸 방법과 유사하다. 단, 스스로 빛을 내는 태양과는 달리 소행성들은 스스로 빛을 낼 수는 없으며 태양빛을 반사한다. 그런데 물질의 종류에 따라 특정 파장대의 빛을 반사하는 정도나 또는 흡수하는 모습이 다르다. 따라서 이를 잘 관찰하면 소행성들이 주로 어떤 물질로 되어 있는지를 알 수 있다. 이런 스펙트럼분석방법에 의해서 다양한 조성의 소행성이 분류되었으며, 이를 실험실에서 구산 운석의 스펙트럼과 비교해 서로 일치하는 것들을 찾아낼 수 있다. 즉, 운석의 모체가 될 수 있는 소행성을 찾을 수 있는 것이다.

소행성에서 운석이 왔을 것을 좀 더 직접적으로 보여줄 수 있는 증거는 운석의 궤도를 직접 추정함으로써 가능하다. 낙하하는 경로가 잘 관찰 기록된 운석의 경우에는 운석이 지구 대기에 진입하기 이전의 경로를 추정하는 것이 가능하기 때문이다. 이렇게 연구된 몇

26 다른 행성들의 경우 비교적 잘 맞지만, 해왕성의 경우 법칙이 성립하지 않는다.

운석의 지구 유입 전 경로를 보면 타원 모양의 공전궤도에서 태양에서 가장 멀었던 원지점이 모두 화성과 목성 사이에 위치하고 있다. 그런데 여기가 바로 소행성대이므로 이들 운석이 소행성대에서 떨어져 나온 조각들임을 말해주고 있다.

그런데 왜 소행성대에 있는 수많은 암석이 지금에 이르기까지 태양계의 안쪽으로 밀려와 지구에 떨어지는 것일까? 이는 소행성대 바로 바깥쪽에 위치한 태양계의 가장 큰 행성인 목성의 영향 때문이다. 이를 잘 보여주는 도표가 있다. 소행성들이 태양으로부터 얼마나 떨어져 있는가를 보여주는 거리를 x축으로 하여 소행성들의 빈도수를 그림으로 나타내보면 소행성들이 태양으로부터 특정 거리에 대부분 밀집되어 있고 어떤 거리에서는 거의 소행성이 발견되지 않는 것을 볼 수 있다. 그런데 이렇게 소행성이 발견되지 않는 거리에 있는 소행성들의 공전주기를 보면 목성의 공전주기와 정수배를 이루는 것을 알 수 있다. 이것이 의미하는 것이 무엇일까?

예를 들어 공전주기가 목성과 4:1의 정수배를 가진 곳을 생각해보자. 이 거리에 있는 소행성들은 목성이 태양 주위를 한 번 공전하는 동안 태양의 주위를 네 바퀴 돈다. 오른쪽 그림을 가지고 이를 좀 더 자세히 살펴보자. 만약 소행성이 그림 A의 지점에서 출발하고 목성은 B점에서 출발한 경우 소행성이 네 번 공전하여 다시 A로 돌아왔을 때 목성은 태양 주위를 한 번 공전하여 B점에 돌아온다. 이 위치에서는 소행성의 공전 방향과 목성이 소행성을 끌어당기는 방향이

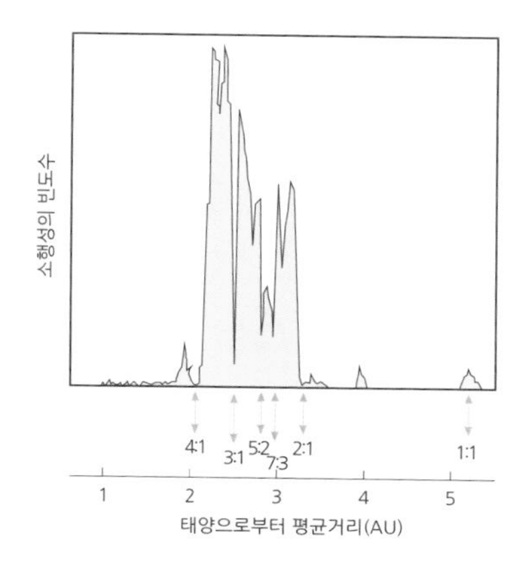

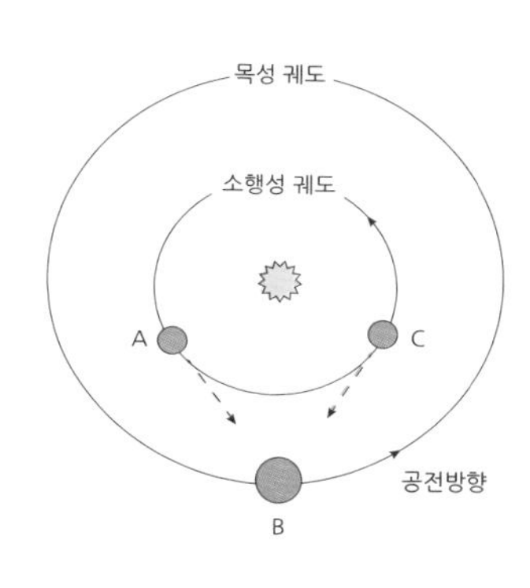

태양으로부터의 평균거리와 소행성이 발견되는 빈도수. 특정 위치에 소행이 밀집되어 있으며(좌), 공전궤도의 주기가 목성의 주기와 정수배를 이루는 곳(푸른색 화살표)에서는 소행성이 없는 것을 볼 수 있다(우). 이는 주기가 서로 정수배를 이루는 경우에 특정 위치에서 소행성이 목성에 의해 계속 감속 또는 가속됨으로써 그 궤도에 머물 수 없기 때문이다.

일치하게 된다. 따라서 소행성은 목성에 의해서 가속이 되어 태양으로부터 멀어지게 된다. 그런데 만약 소행성이 C점에 위치하여 출발하였다고 하면 이와 반대로 소행성은 공전하려는 방향과 목성이 끌어당기는 방향이 반대가 되어 목성에 의해서 속도가 줄어들게 되는 영향을 받게 된다. 이렇게 속도가 줄어들면 태양계의 안쪽으로 들어갈 수밖에 없다. 그렇지만 공전주기가 정수배를 이루지 않는 소행성들의 경우에는 목성에 의해서 감속되기도 하고 가속되기도 하면서 서로 영향이 상쇄되어 그 궤도를 벗어나지 않고 계속 머물 수 있다.

만약 공전궤도가 정수배를 이루는 거리에 비교적 가까이 있던 소행성들이 서로 충돌하면서 그 궤도가 정수배인 곳으로 밀려나오게 되면 이들은 목성의 중력 영향을 받게 되며 태양계의 안쪽이나 바깥쪽으로 밀려 나가게 되는 것이다. 다시 말하면 C와 같은 위치에 있게 되면서 정수배의 궤도로 들어온 소행성의 파편들은 태양계의 안쪽으로 좀 더 들어오면서 지구와 만날 수 있게 되는 것이다.[27]

27 운석에 관한 더 자세하고 재미있는 정보를 알고 싶은 독자는 『운석:하늘에서 떨어진 돌』(최변각 저, 서울대학교출판문화원)을 참조하기 바란다.

7
지구의 나이가
밝혀지다

7
지구의 나이가 밝혀지다

유리의 조언에 따라 운석을 살피던 패터슨은 마침내 1953년, 고민하던 이 원시조성을 알아낼 수 있는 소중한 보물을 발견하게 된다. 우라늄을 거의 함유하지 않은(즉, 방사성 붕괴로 생성된 납의 오염을 거의 무시할 수 있는) 운석을 발견한 것이다. 바로 캐년디아블로(Canyon Diablo) 운석이었다.

캐년디아블로 운석은 지금부터 약 5만 년 전 지구에 충돌한 운석이다. 그리고 당시 충돌의 증거가 현재 미국 애리조나주에 직경 약 1.2 km, 깊이 약 150 m의 깊은 운석 크레이터(Meteor Crater)로 남아

미국 애리조나주 디아블로 협곡(Canyon Diablo)에 있는 약 5만 년 전 발생한 운석 충돌이 만들어낸 직경 1.2 km 깊이 150 m의 배링거 크레이터(Barringer Crater). 운석 크레이터(Meteor Crater)로도 불리며, 이곳에서 발견된 운석은 방사성 붕괴 영향을 받지 않은 가장 낮은 납 동위원소의 비, 즉 '원시 납 동위원소비'(Primordial lead isotope ratio)를 알려준 중요한 시료였다.

있다.[28] 이곳에서 발견된 캐년디아블로 운석은 지금까지 알려진 모든 운석들 중에 가장 낮은 납 동위원소의 비를 보여주는 시료이다. 바로 '원시 납 동위원소비(Primordial lead isotope ratio)'를 과학자들에게 알려줄 수 있었던 시료이었다.

우라늄-납 콘코디아(concordia) 진화곡선

우라늄 광물이 형성된 후 이 광물 내에 존재하는 여러 납 동위원소비가 광물이 만들어진 후 시간이 경과함에 따라 어떻게 변할지를 예측할 수 있는 '홈즈-하우터만스(Holmes-Houtermans) 모형'이라고 부르는 이론이 이미 제안되어 있었다. 이 이론이 만들어내는 시간에 따른 납 동위원소비의 곡선을 '우라늄-납 콘코디아 진화곡선'이라 부른다. 그런데 문제는 이 모형을 이용

28 http://www.barringercrater.com/

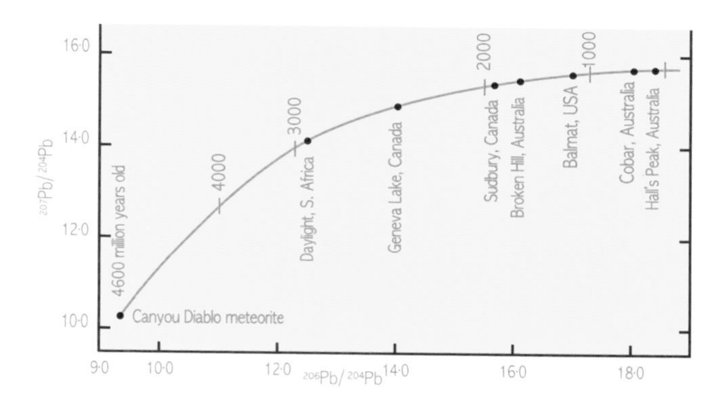

캐년디아블로 운석에서 관측된 납 동위원소들의 비를 원시조성이라 가정하고 그동안 관측된 여러 우라늄 광물을 함께 도시한 결과 '홈즈-하우터만스 모형'이 제시하는 하나의 진화곡선에 위치하고 있으며, 캐년디아블로에서 얻은 원시조성이 타당성이 있음을 보여주고 있다.

하기 위해서 반드시 필요한 납 동위원소의 원시조성비를 알지 못한다는 것이었다.

패터슨은 캐년디아블로 운석에서 관측된 납의 동위원소비를 지구의 '원시 납 동위원소비'로 간주하고, 납의 동위원소비 변화를 예측하는 홈즈-하우터만스 모형을 이용하여 여러 우라늄 광물에서 관측한 납 동위원소 결과를 검토하여보았다. 그 결과 이들 자료들이 모두 모형이 제시하는 하나의 우라늄-납 콘코디아 진화곡선상에 위치하는 것을 확인할 수 있었으며, 또한 이 곡선으로부터 각각의 광물들의 생성 연대를 결정할 수 있었다.

우라늄-납 콘코디아 진화곡선의 중요한 점은 동일한 연령을 가진 시료들을 도시해보면 그림에서 일직선상에 놓인다는 것이다. 패터

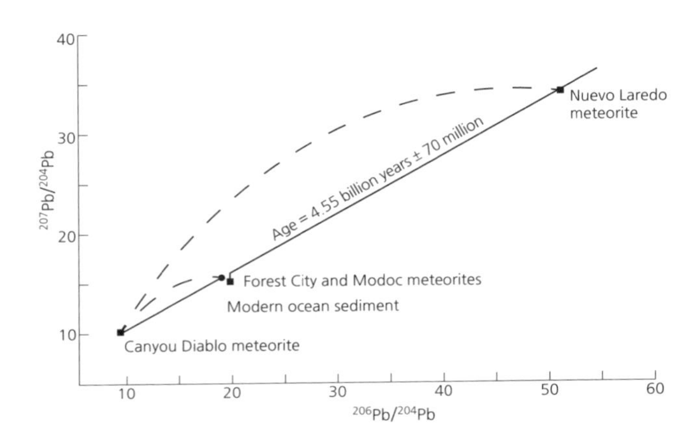

홈즈-하우터만스 모형은 연령이 같은 시료들이 서로 직선상에 위치하며 그 직선의 기울기가 연령을 나타냄을 제시한다. 오늘날의 해양퇴적물, 그리고 지구와 함께 생성된 것으로 보이는 몇 운석들의 캐년디아블로의 값을 시작점으로 하여 그 연령이 45억 5천만 년에 해당하는 직선에 놓여 있어, 캐년디아블로에서 원시조성을 찾았다는 패터슨의 주장이 타당성이 있음을 잘 보여주고 있다.

슨은 여러 운석과 지구 표면 물질을 대표하는 조성을 가졌다고 여겨지는 퇴적물들이 운석과 마찬가지로 45억 5천만 년의 나이를 가지는 운석 시료들을 연결하는 직선상에 놓이는 것을 확인할 수 있었다.

이로써 패터슨은 운석이나 지구가 모두 지금부터 45억 5천만 년 전에 형성되었으며, 바로 이 시기가 태양계에서 모든 행성들이 태어난 시기라는 결론을 내릴 수 있었다. 1956년의 일이다. 이로써 러더퍼드가 약 50여 년 전 처음으로 그 가능성을 제시한 뒤 그동안 그렇게 많은 연구자가 추구했던 지구의 나이에 대한 확실한 근거가 확립

된 것이다.[29]

암석의 나이 측정을 위한 여러 모래시계

이어 암석의 나이를 측정하는 유용한 다른 모래시계가 많이 개발되었다.

$^{40}K \rightarrow {}^{40}Ar, {}^{40}Ca$	$\tau = 1.28 \times 10^9$ year
$^{87}Rb \rightarrow {}^{87}Sr$	$\tau = 49 \times 10^9$ year
$^{147}Sm \rightarrow {}^{143}Nd$	$\tau = 110 \times 10^9$ year
$^{176}Lu \rightarrow {}^{176}Hf$	$\tau = 29 \times 10^9$ year
$^{187}Re \rightarrow {}^{187}Os$	$\tau = 50 \times 10^9$ year

특히 유용하게 응용된 모래시계에 반감기가 488억 년인 루비듐 87(Rb–87)과 그 방사성 붕괴 산물인 스트론튬 87(Sr–87)을 이용하는 '루비듐–스트론튬(Rb–Sr)법'이 있다. 이 모래시계도 앞의 납–우라늄 모래시계와 마찬가지로 '스트론튬의 원시조성'을 알아야 하는 어려

29 패터슨이 서거하기 전 노벨상 위원회에서 지구과학 분야의 수상을 고려하고 대상후보를 물색하는 과정에서 지구과학계로부터 패터슨이 제1후보로 추천되었으나 최종 수상으로까지 실현되지는 못했다는 아쉬운 이야기가 전해진다.

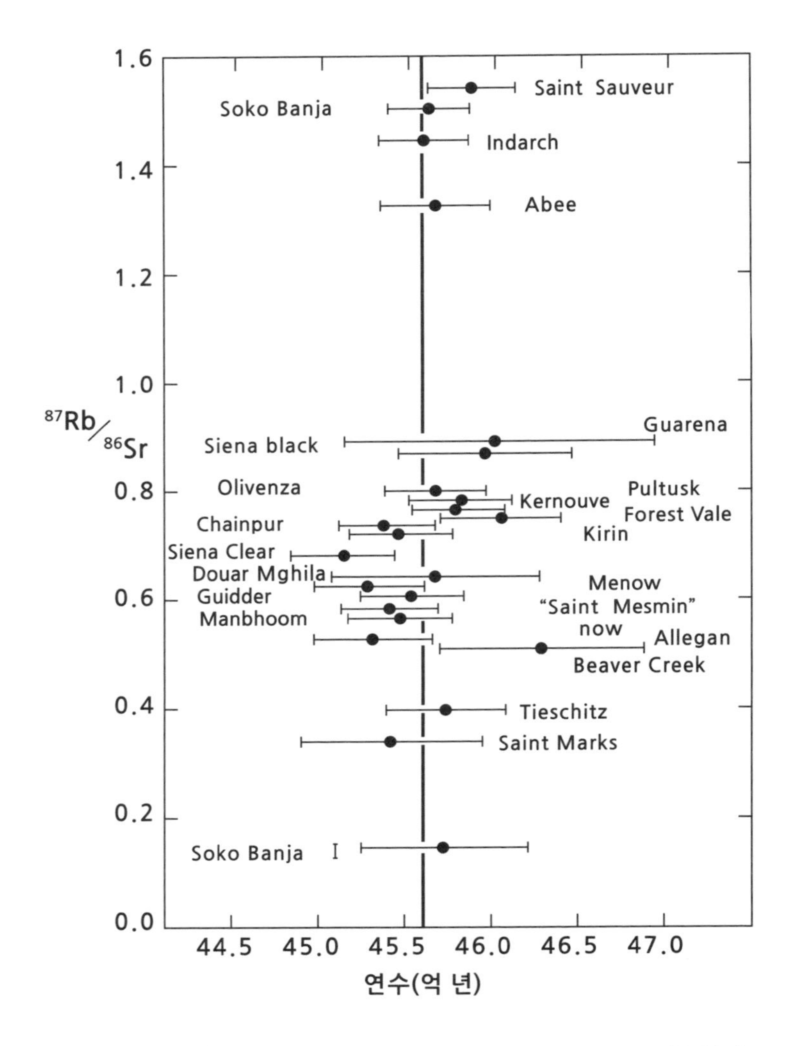

또 하나의 유용한 $^{87}Rb-^{87}Sr$(반감기 488억 년) 모래시계를 응용하여 얻은 많은 운석 자료. 태양계의 평균 연령이 45억 6천만 년인 것을 분명히 보여주어, 패터슨이 내린 태양계의 연령에 관한 결론을 더욱 확실히 뒷받침해주고 있다.

움을 가지고 있었다. 그러나 한 암석이나 운석 속에 포함되어 있는 여러 광물을 분리하여 이들을 각각 분석하여 도시해보면 이들 자료들이 하나의 직선상에 모이며, 이 직선의 기울기로부터 시료의 나이를 알 수 있음을 알게 되었다.

'루비듐-스트론튬 이소크론(Rb-Sr isochron)법'[30]으로 알려져 있는 이 방법을 이용하여 많은 운석의 나이가 측정되었음은 물론이다. 이렇게 루비듐-스트론튬 이소크론법을 응용하여 분석된 많은 운석 자료는 태양계의 평균 연령이 45억 6천만 년인 것을 분명히 보여주었다. 이들 자료들은 앞서 패터슨이 내린 태양계의 연령에 관한 결론을 더욱 확실히 뒷받침해주었음은 물론이다.

지구 나이의 문제에 종지부를 찍은 달

이를 최종적으로 확인시켜주는 연구가 사람들이 달에 발을 디딘 후에 이루어지는데, 이런 달 탐사에 운석연구의 중요성을 강조하였던 유리가 또한 큰 역할을 담당하였다. 1969년 7월 21일 달 표면에 처음으로 사람의 발자국을 남긴 아폴로

30 이소크론법에 대해서 조금 더 알고 싶은 독자들은 『모든 것의 나이』(매튜 해드만 저, 박병철 역, 살림, 2010) 9장 "태양계의 역사와 운석"을 읽어보기를 권한다.

11호를 시작으로, 계속 이어진 여섯 차례의 달 탐사에서 우주인들은 385 kg이나 되는 많은 양의 귀중한 달 시료를 지구로 가지고 올 수 있었다. 바로 달 암석의 연대를 직접 측정할 수 있는 달의 시료를 지구과학자들이 손에 넣을 수 있게 된 것이었다.

달에서 가지고 온 시료에 대하여 연령 측정을 수행한 결과 많은 시료가 운석과 마찬가지로 46억 년에 가까운 값을 보여주었다. 이런 결과는 태양계의 나이가 약 46억 년(좀 더 자세히 말하면 45억 6천 만 년)이 된다는 패터슨의 결론을 더욱 뒷받침해주는 것이었다. 즉 지구상에서 찾은 시료들을 통하여 추정한 우리 지구, 즉 태양계의 나이가 객관적으로 승인받게 된 것이다.

그런데 왜 이처럼 운석에서는 찾을 수 있는 나이를 우리 지구상의 암석들에서는 찾을 수 없는 것일까? 지구는 동적인(dynamic) 행성으로서 지난 46억 년 동안 끊임없이 지각구조 운동이 진행되면서 옛 암석이 파괴되고 새로운 암석이 만들어지는 과정을 되풀이해왔기 때문이다.[31] 지구의 나이 46억 년은 운석과 달의 시료를 통해서 얻은 태양계의 나이이며, 우리 태양계에 있는 모든 행성은 다 함께 탄생하였다고 볼 수 있다. 지구의 나이를 알기 위한 그동안의 많은 노력이 1970

31 현재 지구상에 오래된 광물을 찾으려는 연구는 지금도 활발히 진행되고 있으며, 놀랍게도 44억 년 정도 오래된 지르콘이 오스트레일리아에서 발견되었다("Hadean age for a post-magma-ocean zircon confirmed by atom-probe tomography", John W. Valley 등 (2014), Nature Geoscience volume 7, pages 219-223.

년대에 와서 최종적으로 마침표를 찍을 수 있게 된 것이다.

그런데 지구는 함께 태어난 우리 이웃 행성들과는 달리 생명의 행성으로 진화했다. 그리고 이 지구에 살았던 생명들은 우리들에게 그 흔적을 남겨주었고, 이로 인하여 지구만이 가진 특별한 달력을 가질 수 있게 되었다. 이제 마지막으로 우리의 지구 달력이 만들어진 과정을 함께 살펴보면서 지구 나이에 관한 추적을 마무리하기로 하자.

8
지구 달력

8
지구 달력

앞에서 자세히 살펴본 대로 지구는 약 46억 년 전 태양계 내 여러 이웃과 함께 태어났다. 그러나 지구는 다른 행성과는 달리 하나의 특별한 달력을 갖고 있다. "지구 달력"이라 부르는 이 달력이 있게 된 것은 지구가 바로 생명의 행성이었기 때문이다.

적어도 35억 년 전부터 지구상에 시작된 생명은 지표상의 퇴적암 내에 지구 달력의 핵심이 되는 화석이라는 흔적을 남겨놓은 것이다. 8만 년 전 살았던 네안데르탈인의 거주지에서도 산호화석이 발견되는 것을 보면 화석은 오래전부터 사람들에게 알려져 있었던 것임이 틀림없다. 그러나 18세기가 끝날 무렵까지도 화석은 단지 사람들의 호기심을 일으키는 흥미로운 수집 대상물로 여겨진 것이 고작이었다. 그러나 지구과학자들은 지난 200여 년에 걸쳐 이 흔적이 가진 과학적 의미와 가치를 발견해나가면서 지구에 관한 많은 것을 이해할 수 있게 되었으며, 자연스럽게 지구 달력이 만들어진 것이다.

화석의 비밀을 찾아서

화석이 만들어낸 신화

약 5000여 년 전 시칠리아섬에 상륙했던 선원들이 이마에 커다란 구멍이 뚫려 있는 거대한 두개골을 발견하였다. 질겁해 도망 나

코끼리의 화석. 이 화석이 탄생시킨 신화 속의 키클로페스

온 이들이 상상의 나래를 펼치면서 전한 이야기는 결국 외눈박이 괴물 키클로페스(Cyclopes)의 신화를 탄생시켰다. 키클로페스는 바다의 신 포세이돈의 아들 중 하나이며, 그리스의 역사가 루키디테스는 에트나 화산의 동굴이 키클로페스의 나라라고 단정하였다. 그러나 1688년 로마의 해부학자 캄파니가 메디치(Medici)가 소유의 코끼리의 유골과 이들을 비교하면서 놀라울 정도의 유사성을 발견하였다. 키클로페스는 실은 이 지역에 수십 만 년 전에 살았던 두 눈을 가진 온순한 초식동물 코끼리였으며, 외눈 자리는 실제는 콧구멍이었다.

이미 B.C. 6세기경 피타고라스, 헤로도토스와 같은 그리스의 학자들은 돌이 된 조개껍질과 물고기들을 함유하고 있는 퇴적층을 관찰하고, "화석은 먼 옛날 지금과 전혀 다른 환경에서 살았던 유기체들의 잔해이다"라는 옳은 결론을 내리며 이들이 발견된 육지는 원래 바다였다는 사실을 밝혀낼 수 있었다.

그러나 B.C. 4세기에 이르러 아리스토텔레스는 "생물은 우연히 탄생되기도 한다"는 자연발생설을 주장하고, 화석은 대지로부터 솟아오른 "건조한 기체"에 의해서 생성된다고 설명하였다. 이러한 그의 생각은 중세에 이르기까지 큰 영향을 미쳤으며, 더욱이 모든 문제의 답을 성서에서 찾아야만 했던 중세에 화석에 대한 학문적인 발전은 이루어질 수 없었다. 13세기 말 이탈리아의 수도사 리스토로 다레초는 산에서 발견되는 조개껍질이 노아의 홍수 때 떠밀려온 것이라는 기술을 하기도 하였다. 르네상스 시절 자연현상에 관심을 가지는 많은 지식인이 등장하면서 화석이 많이 수집되고 정리되기는 하였다. 그렇지만 한편으로는 마술과 점성술의 시대이기도 하여서, 화석의 기원으로 별의 마력과 불가사의한 힘을 생각하였으며, 심지어는 화석이 "생명을 받지 못한 창조주의 실패작" 또는 "악마가 신과 겨루기 위해서 창조해낸 것"이라는 주장도 있었다.

물론 이때에도 화석의 본질에 대하여 합리적인 생각을 한 사람들이 없지는 않았다. 레오나르도 다 빈치(Leonardo da Vinci, 1452~1519)는 자연발생설을 단호히 거부하고 화석이나 퇴적 현상 등을 정확히 고찰하면서 지층을 통하여 지구의 역사를 연구하는 지질학의 개척자가 되었다. 그렇지만 조개껍데기와 물고기 화석을 많이 수집하고 이를 기술하였던 프랑스의 도예가 팔리시(Bernard Palissy, 1509~1590)는 바스티유 감옥에서 생애를 마칠 수밖에 없었는데, 성실한 신교도 팔리시가 1580년경 소르본 대학에서 자연발생설을 부정하

사람들 앞에서 화석의 기원을 설명하고 있는 팔리시

고 "화석이란 단지 생물의 유골일 뿐이라고 주장"했던 강연이 구교도 학자들을 격분시켰기 때문이었다. 이런 어려운 상황에서도 한 걸음 한 걸음 과학을 진전시킨 학자들이 있었다.

스테노와 누중의 원리

메디치가 대공 페르디난트 2세의 비호 아래 피렌체의 병원에서 해부학을 연구하던 덴마크 출신의 닐스 스텐센(Niels Stensen, 1638~1686)[32]은 1669년 「고체 속에 자연적으로 밀폐된 고형체에 관한 논문」을 발표하였다. 여기에서 "화석은 새로 쌓이는 퇴적층에서 살다가 죽은 생물이 더 많은 퇴적물에 의해 파묻히면서 돌로 굳은 것"이라고 적절하게 기술하였다. 더욱이 스테노는 모든 퇴적물은 바다 밑바닥에 수평으로 차곡차곡 쌓이며, 따라서 "지층은 아래쪽에 있는 것일수록 역사가 더욱 오래된 것이다"라는 지질학의 중요한 기본 원리인 "누중의 원리"를 제시하였다. 화석을 연대순으로 합리적으로 해석할 수 있는 방법을 지질학에 도입시킨 것이다.

그는 주변 투스카니 지역의 퇴적물의 관찰 결과를 설명하기 위하

32 니콜라우스 스테노로 알려져 있다.

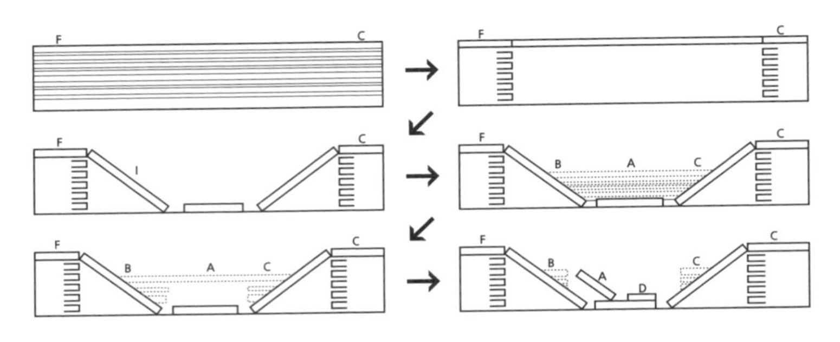

이탈리아 투스카니 지역의 지층을 설명하기 위해서 스테노가 고안한 여섯 단계의 격변: 1)수평 퇴적층의 형성을 통한 대륙 형성, 2)지하 용식에 의한 동굴 형성, 3)동굴붕괴와 바닷물의 침입, 4)동식물을 포함하는 퇴적층의 형성, 5)대홍수 후의 새 대륙 및 동굴 형성, 및 6)동굴의 붕괴. 두 번의 큰 홍수가 있었다.

여 6000년의 성서관에 입각하여 지구역사가 진행된 6단계 구도를 고안하였다. 이런 그의 연구는 이탈리아뿐만 아니라 영국 등 유럽 전역에서 많은 반향을 일으켰지만, 과학 발전과 자신의 신앙을 양립시키기 어려웠던 그는 결국 신교에서 가톨릭으로 개종하고 40세의 나이에 사제의 길을 택하고 말았다.

시간이 지나면서 화석이 생물이었다는 것이 서서히 인정되기 시작하였으나, 문제는 어떤 과정을 통하여 화석이 만들어지는가 하는 질문이었다. 특히 어려운 것은 열대동물 코끼리가 왜 유럽에서 발견되며, 암모나이트와 같은 일부 생물들이 지금은 왜 발견되지 않는가

하는 것이었다. 여기서 한 가지 그리고 단 하나의 과학적 답으로 제시된 것이 과학 법칙을 성서의 역사와 연결시키려는 "성경지질학"에 근거한 "노아의 홍수설"이었다. 홍수에 밀려 다른 곳에서 생성된 생물들이 현재의 장소까지 옮겨졌다는 것이다. 1681~1689년 버넷(Thomas Burnet)이 발간한 책 『성스러운 지구 이론(The Sacred Theory of Earth)』의 제목은 당시의 정황을 잘 반영하고 있다.

그러나 18세기 중반에 들어서면서 이런 생각에 서서히 의문이 생기기 시작하였다. 거대한 뼈 화석이 암시하는 거대 척추동물의 정체가 서서히 밝혀지기 시작하였으며, 유럽에서 자취를 감춘 생물들이 피난 갔을 만한 미지의 땅이 지상에 별로 남아 있지 않음을 알게 되었기 때문이다. 홍수설은 동물들의 죽음 그 자체에 대해서는 설명을 해줄 수 있었으나, 종 자체가 멸종해버린 것 등을 설명할 수는 없었던 것이다.

허턴의 동일과정의 법칙

화석이 지구의 역사를 밝히는 데 적절히 응용되기 시작하기까지는 6000년의 지구 나이나 노아의 홍수 이외에도 뒤에서 살펴볼 '보편대양'과 같은 생각에서 과감히 탈피하는 과정이 필요하였다. 이런 시대적 배경하에 근대지질학의 아버지라

'근대 지질학의 아버지' 허턴

근대 지질학을 세운 허턴. 약 1787년경의 만화

불리는 허턴(James Hutton, 1726~1797)이 등장하게 된다.

1785년 3월 허턴은 스코틀랜드 에든버러 왕립학회에서 '지구이론'에 대한 자신의 이론을 처음 공식적으로 발표한다. 에든버러 왕립학회에서 두 번의 강연을 할 때 허턴은 이미 59세였다. 더구나 첫 번째 강연 날은 갑자기 병이 나는 바람에 친구 조지프 블랙이 허턴이 제출한 원고를 대신 읽어줄 수밖에 없었다. 그렇지만 지난 30여 년 동안 자신이 다듬어온 지구에 관한 생각을 공식적으로 발표할 수 있었던 자리였다.

허턴의 주장에서 크게 두 가지 중요한 점이 있다. 하나는 풍화를 통한 암석의 침식, 강물을 통한 바다로의 이동, 이어지는 퇴적 및 융기의 과정은 사람이 감히 추측하기 힘든 오랜 시간에 걸쳐 여러 번 반복되어왔다는 것이다. 그리고 다른 하나는 지구 내부의 열이 압력과 함께 퇴적물들을 굳은 암석으로 만들 수 있으며 또한 바다 밑의 퇴적암을 육상으로 융기시킬 수 있는 원동력이 된다는 것이다. 오늘날 우리들의 상식으로 너무 당연한 것이었으나 독일의 베르너(Abraham Werner, 1749~1817)가 이끌어가던 당시 지질학계의 생각은 이와 전혀 달랐다.

베르너의 보편대양과 수성론

당시 허턴의 생각이 자리 잡기 위해서는 넘어야만 했던 큰 장벽이 노아의 홍수와는 다르지만 결국 같은 맥락으로 등장하였던 "보편대양(Universal Ocean)"의 개념이었다. 1749년 라이프니츠(Gottfried Wilhelm Leibniz, 1646~1716)는 유작 "프로토기아(Protogia)"에서 '지구가 형성되고 나서 얼마 후 지구는 거대한 바다로 뒤덮였고, 마침내 바다가 사라지면서 지금의 복잡한 대륙이 모습을 드러내었다'는 새로운 이론을 처음으로 제시하였다. 26세의 나이로 독일 작센주 프리이베르크 광산학교의 교수로 임명된 베르너(Abraham Gottlob Werner, 1749~1817)가 1785년경 "수성론(Neptunism)"이라는 이름으로 더 발전시킨 이론으로 이어지는, 한 세기를 풍미했던 이론이었다.

허턴보다 23세 아래의 베르너는 1779년 역사적인 지질학 교실을 개설하고 유럽을 선도하는 수업을 진행하였다. 특히 그를 따르는 소수 정예의 학생들은 그의 강의노트에 기초한 원고를 만들어 광물학

연구자들에게 널리 전하며 베르너의 관점을 국제적으로 펼치는 전도자의 역할을 하였다. 스테노에서 시작하여 뷔퐁 등 그를 앞선 여러 학자의 이론들을 종합한 베르너의 지구관은 야외에서 암석을 자세히 관찰하고 암석의 생성 순서를 시대적으로 구분 정립하려고 한 좋은 시도의 결과이기는 하였다. 그러나 성서에 기초한 시간적 한계 속에서 높은 산맥에서 많이 관찰되는 화성 기원의 화강암을 바다에서 생성된 원시퇴적암으로 보는 등의 치명적인 논리적 결함 역시 가지고 있었다.

"…태초에 지구는 보편대양(universal ocean)으로 덮여 있었으며 **(창세기 1장 2절:" … 하나님의 신은 수면에 운행하시니라")**, 이 대양이 느리게 후퇴하면서 암석의 모습이 드러나기 시작하였다**(창세기 1장 9절: "하나님이 가라사대 천하의 물이 한 곳으로 모이고 뭍이 드러나라 하시매 그대로 되니라")**. 이렇게 드러난 육상의 암석들은 생성시기에 따라 원시암(Primitive rock), 중간암(Transition rock), 제2암(Secondary rock) 및 제3암(Tertiary rock)의 네 개의 시기로 분류된다…."

시카 포인트의 부정합

1785년 에든버러 왕립학회에서의 논문 발표 후 허턴은 몇몇 친구들과 함께 자신의 주장을 증명할 수 있는 지질학적 증거를 찾는 야외조사를 수행하였다. 화성암이 지구 내부

시카 포인트(Siccar Point)의 부정합(unconformity)

퇴적, 융기, 침식, 퇴적 등의 부정합이 만들어지는 모습을 보여주는 모식도

에서 올라오는 모습(관입)을 보여주는 지층을 찾아내었으며, 1788년에는 마침내 시카 포인트(Siccar Point)에서 암석의 풍화, 퇴적, 융기, 침식, 퇴적, 융기의 과정이 반복되었음을 분명히 보여주는 유명한 '부정합'을 발견한 것이다.

그렇지만 허턴의 혁명적 이론은 지지하는 몇몇 친우들이 있음에도 불구하고 당시 철저한 비판의 대상이 되었음은 물론이다. 아일랜드 왕립아카데미의 회장을 지냈던 '존경받는' 과학자 커원(Richard Kirwin, 1733~1812)이 1793년 발표한 논문에서 허턴의 지구순환이론을 "모세5경 역사의 이성과 방침에 반하는 것"이라고 공격하는 대목은 당시의 정황을 잘 대변해주고 있다(사실은 창조과학이라는 이름으로 오늘날도 이런 생각을 주장하는 답답한 일이 일어나고 있기도 하지만…).

허턴이 이를 반박하며 자신의 이론을 체계적으로 정립하는 책을 쓰려는 마음을 먹었으나 이미 병에 시달리는 노년이었다. 1795년 『지구이론』이 출판되었지만 큰 영향을 주지 못하였으며, 2년 후 70세의 나이로 세상을 떠났다. 허턴의 생각이 펼쳐지기 위해서는 철저히 개종된 전도자가 필요하였는데, 허턴 사망 8개월 후 에든버러에서 별로 멀지 않은 글렌틸트에서 태어난 라이엘(Charles Lyell, 1797~1875)이 바로 그 사람이었다.

라이엘의 지질학 원리와 다윈의 진화론

라이엘이 옥스퍼드에서 처음 받은 교육은 물론 베르너의 수성론에 기초한 지구관이었다. 그러나 알프스산맥과 이탈리아의 화산들, 담수와 해수의 교체가 여러 번 반복되었음을 보여주는 파리 주위의 분지들, 특히 1824년 스코틀랜드 시카 포인트 답사, 그리고 고향 킨노디의 물을 빼낸 두 호수에서 발견한 많은 담수 화석을 포함하는 아름다운 석회암층에서 침식과 퇴적이 현생에서 일어나고 있음을 확인하는 일 등을 계기로 그의 생각은 바뀌게 된 것 같다.

"현재는 과거의 열쇠(The present is the key to the past)이며, 단지

비글호의 항해에서 돌아온 후 31세 무렵의 찰스 다윈(Charles Darwin, 1809~1882).

『지질학의 원리』를 저술한 라이엘(Charles Lyell, 1797~1875).

필요한 것은 엄청나게 긴 시간(no vestige of a beginning–no prospect of an end)"

이라는 것을 몸소 체험한 뒤 허턴의 신봉자가 될 각오를 다졌던 것 같으며, 라이엘은 마침내 1830년 6월에 500쪽이 넘는 『지질학 원리』 1권을 런던에서 출간하였다. 다윈(Charles Darwin, 1809~1882)이 1832년 4년 동안 계속될 비글호의 탐사를 시작할 때 지니고 탑승했던 라이엘의 『지질학 원리』는 에든버러와 케임브리지 대학에서 전통적인 수성론을 교육받았던 다윈을 허턴주의자로 개종시키고 또한 다윈이 진화론이라는 새로운 사고의 기초를 이루어가는 데 중요한 역할을 하였다.

후일 "누가 진화론의 창시자인가?"라는 문제로 다윈과 월러스(Alfred Russel Wallace, 1823~1913) 사이에 발생한 미묘한 상황에서 라이엘은 솔로몬 왕과 같은 지혜를 발휘하여 1858년 다윈의 진화론을 공식적으로 데뷔시키고 이듬해 『종의 기원』을 출판하게 하였다. 또한 다윈의 진화론이 생물의 진화과정을 보여주는 화석의 의미를 더욱 확실하게 해주는 데 결정적인 기여를 한 것임은 물론이다. 이렇게 지구관의 혁명이 진행되는 동안 한편에서는 화석을 단서로 하여 암석들의 상대적 나이를 찾아가는 중요한 연구가 태동하는데, 바로 생물층서학의 발전이었다.

생물층서학의 발전과 지구 달력

영국의 공학자 스미스(William Smith, 1769~1839)[33]는 18세기 말 급속히 확장되던 운하 건설에 종사하는 공학자들이 고용한 지질 조사관이었다. 스미스는 특히 여러 군데 파헤쳐진 암석층의 단면들을 관찰하는 과정에서 층의 아래에서 위로 올라가며 발견되는 화석들의 순서가 멀리 떨어진 다른 지역에서도 종종 같은 순서로 반복되는 것을 발견하였다. 스미스는 특별히 연관된 것으로 보이지 않는 서로 떨어진 곳의 퇴적층들을 화석을 이용하여 연계시킬 수 있게 된 것이다.[34]

실은 근대화학의 아버지라 불리는 라부아지에(Antoine Lavoisier, 1743~1794)도 공포정치의 소용돌이 속에서 안타깝게 단두대에 처형되기 5년 전이었던 1789년에 이미 퇴적층에 포함되어 있는 화석들이 퇴적층들의 상대적 연령을 결정하는 데 중요하다는 것을 이해하고 파리 주위의 퇴적암들의 층서에 대한 연구논문들을 발표하였던 지질학자였다. 층서학의 아버지라 불리는 영국의 스미스(William Smith)보다도 무려 18년이나 앞선 연구이었다.

33 Smith의 일생을 다룬 전기가 *The Map That Changed the World*(Simon Winchester, 저)로 출판되어 있다.

34 이런 여러 가지 지질학적 개념의 발전에 관심이 있는 독자는 『시간을 찾아서』(최적근 저, 서울대학교 출판부)를 참조하기 바란다.

영국의 공학자 스미스

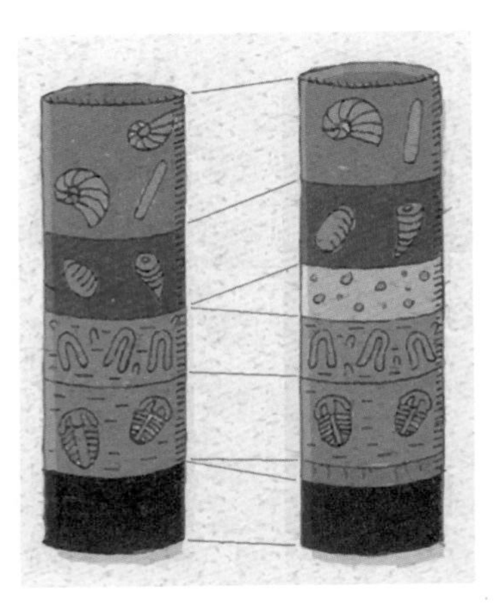

서로 다른 두 퇴적층이 화석 순서에 따라
시간적으로 대비가 가능함을 보여주는 모식도

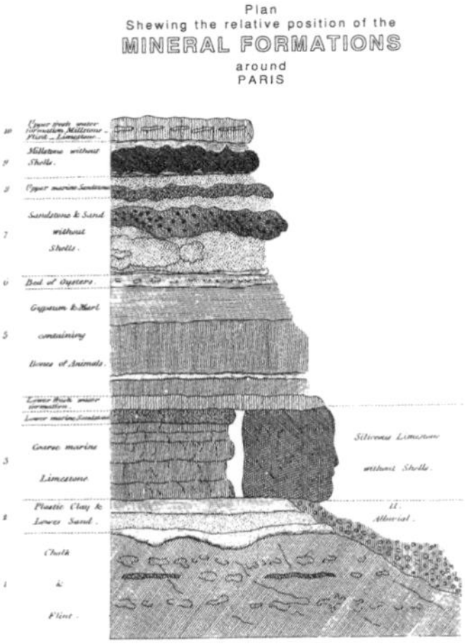

Plan
Shewing the relative position of the
MINERAL FORMATIONS
around
PARIS

9 Millstone without Shells.
7 Sandstone & Sand without Shells.
6 Bed of Oysters.
5 Gypsum & Marl containing Bones of Animals.
3 Coarse marine Limestone
2 Plastic Clay & Lower Sand.
1 Chalk & Flint.
Siliceous Limestone without Shells.
11. Alluvial.

라부아지에와 1789년 그가 발표한 파리 주변 퇴적층에 대한 층서연구기록

스미스의 발견이 알려지면서 1820년대가 되면 지질학자들은 "한 종류의 지층은 언제라도 퇴적될 수 있지만, 특정 종류의 화석은 지구 역사의 어느 특정한 시간에서만 만들어질 수 있다"는 사실을 깨닫게 된다. 어느 지층이 더 오래된 것인지 혹은 젊은지를 말해주는 상대적인 연령을 결정할 수 있을 뿐이었지만 화석으로 지층에 '상대적인 시간 개념'을 넣을 수 있는 방법이 탄생한 것이다.

이 방법은 빠른 속도로 전 유럽에 퍼지며, 지질학자들은 각각의 암석층에 보전되어 있는 화석들의 정보를 더욱더 세밀하게 조사하기 시작하게 된다. 이에 따라 특유한 화석들의 모둠에 기초한 시간의 구분이 정의되면서 지질학적인 시간의 단위들로 자리 잡기 시작하였다. 이어 20세기에 이르러 방사성 동위원소를 응용하여 순서가 밝혀진 시간 단위에 절대 연도를 부여할 수 있게 되면서 생명의 행성인 지구만이 가진 특별한 달력이 우리 손에 들어오게 된 것이다. 이렇게 완성된 지구 달력은 지구의 역사를 크게 명왕누대(지구 탄생~40억 년), 시생누대(40억 년~25억 년), 원생누대(25억 년~5억 4천만 년), 현생누대(5억 4천만 년 전 이후 지금까지)의 네 누대로 구분한다.

명왕누대(冥王累代, Hadean Eon)는 그 말대로 지구 탄생[35] 이후 발생한 달의 탄생, 해양과 대기의 탄생, 대륙 지각의 등장 등 오늘날의

35 오늘날의 연구는 달이 약 45억 년 전 지구에 화성 크기의 거대한 물체가 충돌하면서 만들어진 것으로 이해한다. 이에 관한 더 자세한 이야기를 알고 싶은 독자는 저자의 『시간의 의미』(김경렬 저, 생각의 힘)를 보기를 추천한다.

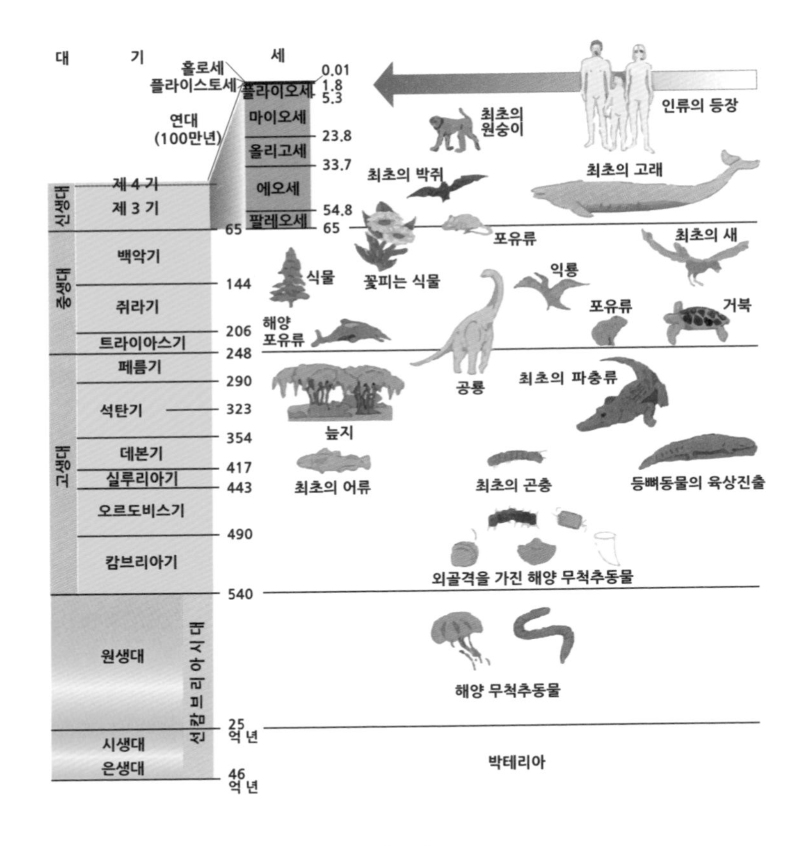

지구 달력

기본 모습이 처음으로 갖추어지는 시기를 말한다. 이어 시생누대(始生累代, Archean Eon)는 현존하는 가장 오래된 암석이 형성된 시기이며 최초의 생명이 탄생된 시기이다. 이어 25억 년 전 시작된 원생누대(原生累代, Proterozoic Eon)는 지구가 환경적으로 가장 큰 변화를 겪은 시대로, 가장 중요한 것은 광합성을 하는 생물들의 노력으로 지구 대기에 산소가 증가되기 시작한 시대이다. 대개 두 번에 걸쳐 산소의 대기 중 농도가 혁명적으로 증가한 것으로 보이는데 이로써 원생누대가 끝나고 현생누대가 시작될 즈음이면 산소의 농도가 현재 수준의 반 이상으로 증가된 것으로 보인다.

이어 5억 4천만 년 전 시작된 현생누대(顯生累代, Phanerozoic Eon)는 암석에서 생물(화석)이 본격적으로 나타나며 따라서 지구상에 생명이 많아진 시대라고 말할 수 있다. 현생누대는 이제 많은 화석으로 인해 고생대(5억 4천만 년 전~2억 5천만 년 전), 파충류인 공룡이 지구를 지배하던 중생대(2억 5천만 년 전~6600만 년 전), 그리고 포유류의 시대인 신생대(6600만 년 전~현재)로 나뉜다. 그리고 바로 이런 지구 달력의 거의 마지막 순간인 약 440만 년 전 사람의 화석이 처음으로 아프리카 에티오피아에 출현하였다. 그리고 마침내 약 240만 년 전 현생인류가 등장한 것으로 보이며, 드디어 약 20만 년 전 도구를 사용하는 기술을 터득한 현대인(homo sapiens)이 출현하여 오늘날의 인류 문명을 이룩한 것이다.

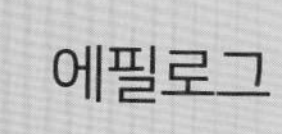

에필로그

에필로그

우리가 이 책에서 살펴본 지구의 나이, 즉 태양이 탄생한 시기를 알아가는 과정은 20세기 과학이 개척해온 중요한 길의 하나이었다. 그런데 이와 함께 20세기 과학의 중요한 업적의 하나는 태양이 언젠가는 그 일생을 마무리하게 된다는 것을 밝힌 것이다. 별은 우리와 마찬가지로 일생이 있으며, 즉 태어난 별은 언젠가는 죽어 우주 속으로 사라져간다는 것이다.

우리의 삶의 원천이 되는 태양은 앞으로 얼마나 더 살다가 종말을 고하게 될 것인가? 답을 찾아갈 수 있는 실마리는 태양을 계속 살 수 있게 해주는 에너지원이 얼마나 계속 유지되는가에 있다. 태양은 고맙게도 우리에게 따뜻한 햇볕의 형태로 지금껏 에너지를 공급해주어 우리가 잘 살아가고 있는데, 이런 일이 앞으로 얼마나 더 오래 계속될 수 있는가 하는 문제로 귀결되는 것이다.

이 태양의 에너지원을 과학자들은 바로 아인슈타인이 밝힌 질량이 에너지로 변환될 수 있다는 상대성 이론에서 답을 찾았다. 지금 태양은 약 1000만 도나 되는 뜨거운 내부에서 수소가 헬륨으로 융합되고 있으며, 이때 발생하는 약간의 질량결손이 바로 에너지로 변환되어 태양복사에너지를 우리에게 계속 공급해주고 있는 것이다. 따라서 언젠가 더 이상 수소에서 헬륨으로의 융합이 일어날 수 없는 시기에 도달하면, 결국 태양은 에너지원을 잃게 되면서 죽음의 길로 갈 수밖에 없는 것이다. 우리가 알고 있는 태양의 자료들을 종합하면 태양의 일생을 100세라고 할 때 태양은 약 50세의 나이를 먹었다. 다시 말해서 태양계가 태어나서 지금까지 약 46억 년의 세월을 보내는 동안 태양은 그 일생의 반 정도를 보낸 것이다.

앞으로 이만한 긴 시간이 지난 먼 훗날이 되면 태양은 적색거성이라는 엄청나게 큰 별로 팽창을 하였다가(물론 지구까지도 모두 이 거성에 흡수되어 그 일생을 마칠) 행성 간 성운, 백색왜성 단계를 거쳐 마침내 흑색왜성이라는 별로 그 모습이 바뀌면서 90억 년 이상의 긴 일생을 마감할 것으로 예상된다. 하늘을 살펴보면 몇 개의 태양과 비슷한 크기를 가졌던 별들이 우리 태양보다 먼저 태어나 그동안 잘 살다가 지금 그 일생을 마치면서 거쳐 갈 수밖에 없는 적색거성이나 행성 간 성운의 단계에 머물고 있는 것을 발견할 수 있는 것이다. 실은 과학자들이 하늘을 살피다가 이런 별들을 발견하고 그 이유를 살펴가는 과정에서 바로 우리 태양과 비슷한 별의 일생을 이해하게 된 것이다. 그렇지만 앞으로 46억 년이라는 세월은 우리의 짧은 인생으로 보면 걱정을 전혀 하지 않아도 될 영겁의 시간으로 생각된다.

요즈음의 지구의 사정을 살펴보면, 지구 나이에 비하면 순간과 같은 우리 생애 내에 무엇인가 어떤 문제가 생길 것 같은 모양이다. 지구가 계속 빠른 속도로 더워지는 것도 그렇고, 생명계의 아킬레스건이라고 불리는 오존층이 파괴되는 것도 그렇고, 주변에 내분비계 교란물질들이 넘쳐나면서 생태계가 교란되는 것도 그래 보인다. 이런 무엇인가 걱정스러운 정황을 총체적으로 표현한 "key word"가 바

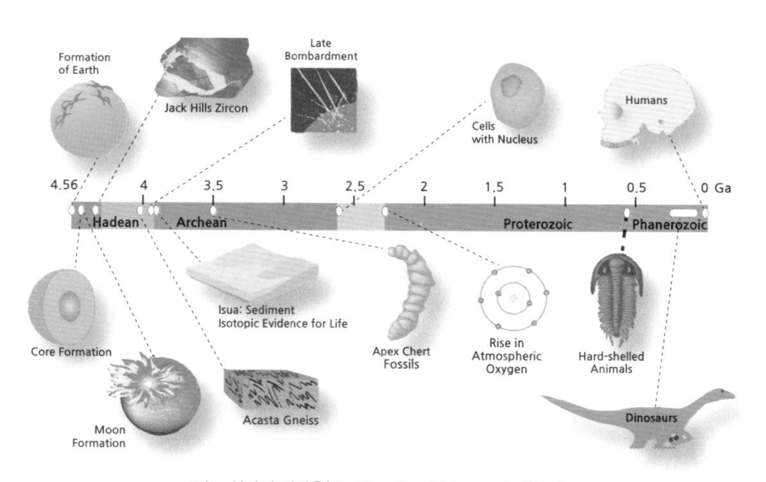

지구 역사의 시간축(Timeline of the history of the Earth)

로 인류세(Anthropocene)란 단어이다.

지구는 참 복된 생명의 행성이다. 그 덕분에 지구는 우리 이웃들이 가지고 있지 않은 지구만의 달력을 가지고 있음을 앞장에서 살펴보았다. 이 지구 달력에 따르면 우리는 약 6500만 년 전에 시작된 포유류의 시대인 신생대 후반부의 현세(Holocene)라고 부르는 시대에 살고 있다. 현세는 지난 빙하기가 끝나고 따뜻해진 지구에 본격적으로 인류가 삶을 시작하던 12,000년 전부터 지금까지의 시기를 이야기한다.

그런데 최근 주변에서 관찰되는 여러 지구환경의 문제를 볼 때, 70억 명 이상의 사람들이 지구에 살게 되면서 '사람'이 이제는 거대한 지구의 환경까지도 변화시킬 수 있는 하나의 '지질학적 요소'로 등장한 것 같다. 1995년 오존층의 화학으로 노벨 화학상을 수상한 크루첸 교수가 약 20여 년 전 엄청난 질문을 인류에게 던졌다. 바로 "우리는 이미 인류세에 살고 있는 것은 아닌가?"라는 질문이었다.

지구는 탄생한 이후 끊임없이 그 모습을 바꾸면서 바다의 흐름을 바꾸고 또한 공기의 흐름이 바꾸어가며 오늘의 아름다운 지구가 만들었다. 그리고 지구 46억 년의 역사상 가장 아름다운 모습을 지구가 갖춘 후인 오늘 우리 인류가 지구에 태어나 살고 있다.[36] 지구가

36 이런 내용을 좀 더 알고 싶은 독자는 저자의 『판구조론: 아름다운 지구를 보는 새로운 눈(김경렬 저, 생각의 힘, 2015)』을 참조하기를 권한다.

오늘날 처한 여러 난처한 상황을 크루첸 교수는 '인류세'로 새로이 규정한 것이다. 크루첸 교수는 아울러 우리들이 할 수 있는 자세에 대하여 인류에게 다음과 같이 조언하고 있다.

"지구라는 이름의 우주호에 탑승한 시민들로서 우리가 꼭 취해야 할 행동은 어떤 것일까? 모든 것을 포괄하는 하나의 지침이 가장 적절하리라. 즉 오늘 행성 지구에 살고 있는 인류가 자신들의 이익을 위해 지구가 가지고 있는 자원을 개발할 때는 가능한 모든 방법을 동원하여 우리 행성에 부수적으로 가해지는 스트레스를 최소화하는 노력을 동시에 강구해야 한다는 것이다. 사실 그것이 우리가 가지고 있는 유일한 길이기도 하다."

너무 간단하고 당연한 것 같은 이 말의 의미를 곰곰이 따져보아야 할 시기인 것 같다. 아름다운 지구를 물려받은 우리들은 아름다운 지구환경을 우리 후손들에게도 물려주어야 할 책임이 있다. 단 하나뿐인 우리 삶의 터전인 지구의 아름다운 환경이 우리 후손들에게까지 지속될 수 있도록 지구에 더욱 관심과 애정을 가져야 할 시기이다. 이것이 우리 모두가 우리의 후손들을 위해서 할 수 있는 유일한 길이 아닐까?

지은이 소개

김 경 렬

1971년 서울대학교 문리과대학 화학과를 졸업하고, 같은 학교 대학원에서 석사학위를 받았다. 2년 동안 육군사관학교 교수부 교관으로 군복무를 마친 후, 미국 샌디에이고 소재 캘리포니아 대학교(UCSD)에서 해양학으로 박사학위를 받았다. 1984년 서울대학교 자연과학대학에서 교수생활을 시작하여 2013년 정년퇴임을 한 후, GIST에서 석좌교수를 지냈다. 저서로는 『노벨상과 함께하는 지구환경의 이해』, 『화학이 안내하는 바다탐구』, 『시간의 의미』 등이 있으며, 노벨 수상자인 크루첸 교수의 저서 『기후변동: 21세기 지구의 미래를 예측한다』를 비롯해 『엘니뇨: 역사와 기후의 충돌』, 『지구시스템의 이해』, 『해양생지화학 개론』 등을 번역하였다.

지구의 나이를 찾아서

초 판 발 행 2018년 8월 31일
초 판 2 쇄 2019년 5월 28일

저 자 김경렬
발 행 인 김기선
발 행 처 GIST PRESS

등 록 번 호 제2013-000021호
주 소 광주광역시 북구 첨단과기로 123, 중앙도서관 405호(오룡동)
대 표 전 화 062-715-2960
홈 페 이 지 https://press.gist.ac.kr/
인쇄 및 보급처 도서출판 씨아이알(Tel. 02-2275-8603)

I S B N 979-11-964243-0-5 03450
정 가 12,000원

이 도서의 국립중앙도서관 출판시도서목록(CIP)은 서지정보유통지원시스템 홈페이지(http://seoji.nl.go.kr)와 국가자료공동목록시스템(http://www.nl.go.kr/kolisnet)에서 이용하실 수 있습니다.
(CIP제어번호: CIP2018025680)